GUÍ
PLA

CU00660762

PLANTS
OF PATHS, MARSH
AND MEADOWS

INDEX/CONTENTS

PRÓLEG

La publicació d'una guía com aquesta, que ens orienta sobre la flora de s'Albufera, és un esdeveniment que cal agrair. A hores d'ara tenim excel·lents repertoris botànics de totes les illes Balears, com també de les illes individuals. També tenim guies fiables sobre grups específics de plantes: arbres i arbusts, orquídies, falgueres, endemismes, plantes medicinals, etc., però no tinc coneixement de cap guía d'una àrea específica o d'un sol ecosistema. I és de justícia que la primera ho sigui de s'Albufera.

Des de que fou comprada pel Govern Balear (amb l'ajuda d'altres agències govenamentals) l'any 1985, s'Albufera ha constituït el primer i més important parc natural de les Illes. Les seves 1700 hectàrees d'àrea protegida, en gran part ocupades per zones humides, fa que sigui un lloc important per a l'ornitologia, tant pels ocells que hi nidifiquen com pels migrants que s'hi aturen, cosa que ha atret milers de visitants cada any d'ençà de la seva declaració com a Parc Natural. Però és evident que s'Albufera té bastantes coses més que zones humides i ocells. De fet, és un conjunt intricat d'ecosistemes interrelacionats, amb una vegetació igualment variada que desesperadament necessitava catalogar. Això finalment s'ha duit a terme, gràcies a dues botàniques angleses, Jo Newbould i Dinah McLennan, en un llibre que estic segur que servirà com a guía de gran valor tant per a l'especialista com per a l'afeccionat. Aquí cada espècie és il·lustrada, i, com en altres flores populars, són agrupades pel seu color per tal que l'amateur els pugui identificar amb facilitat. A més del nom llatí, també s'hi donen els noms anglesos i catalans per a cada planta, a més d'informació sobre l'època de floració, alçada i distribució.

A s'Albufera, gràcies a l'empenta inicial de Max Nicholson i a la generositat de Pat Bishop, s'ha establert un centre de recerca sota el nom de *The Albufera International Biodiversity Group (TAIB)*, dirigit per Nick Riddiford. En un marc com aquest, el llibre que presentam serà una gran ajuda als investigadors necessitats d'orientació botànica per als seus treballs.

En fi, és un llibre per al qual existia una necessitat real, cosa amb què les autores han complert d'una manera admirable i atractiva. Els desitjam l'èxit que mereix.

Anthony Bonner
Palma, setembre 2002

FOREWORD

A guide such as this to the flora of the Albufera is most welcome. By now there are many excellent floras to the entire Balearic Islands, as well as to the individual Islands. We also have reliable guides on specific groups of plants: trees and shrubs, orchids, ferns, endemic species and medicinal plants etc. But to my knowledge we, as yet, have no guide to a specific area or to a single ecosystem. Where better to start than with Albufera!

Ever since the area was bought by the island government (with the help of other governmental agencies) in 1985, the Albufera has constituted the first and the most important natural park of the Belearic Islands. Its 1,700 hectares of protected area, most of which is wetland, make it an important nesting and stopping-off place for birds, and as a result it has attracted thousands of visitors every year since its inception. But of course the Albufera is more that just wetlands and birds. It is actually a complicated group of interrelated ecosystems, with a correspondingly rich and varied plant life that desperately needed cataloguing. Jo Newbould and Dinah McLennan have finally done this in a book that I'm sure will prove to be an invaluable guide for both the specialist and the amateur botanist. Each species is illustrated and, as with many other popular floras, plants are grouped by colour, so that the amateur can find them easily. In addition to the Latin nomenclature, the English and Catalan names are given for each plant, as well as information on the season of flowering, height, and distribution.

The Albufera, thanks to the initial efforts of Max Nicholson and to the generous support of Pat Bishop, has established a research centre under the name of The Albufera International Biodiversity Group (TAIB), directed by Nick Riddiford.

This book will also provide a valuable aid to researchers needing botanical orientation for their investigations. In short, it is a book much needed, and one which has fulfilled that need in an admirable and attractive way. We wish it the success it deserves.

Anthony Bonner
Palma, September 2002

AGRAÏMENTS

De la mateixa manera que cap persona és una illa, cap llibre es pot escriure sense l'ajuda de molta gent. Els autors volen agrair molt sincerament a na Pat Bishop que es ha ajudat econòmicament quan ja ens havíem embarcat en aquesta aventura. El Dr. Elspeth Beckett ens va iniciar amb algunes espècies noves per nosaltres. Nick Riddiford i Rachel King van col·lectar plantes que necessitàvem i de vegades ens les van dur a Anglaterra per poder comprovar la identificació. Guillem Alomar i Llorens Sáez van corretgir algunes de les nostres identificacions i ens volem disculpar amb ells per no utilitzar una nomeclatura més moderna! Juan Salvador Aguilar, va contestar els nombrosos e-mails demanant consell i ajuda amb les traduccions finals i tot l'equip de s'Albufera, especialment Biel Perelló, ens va ajudar en molts d'aspectes pràctics. Peter Creed, de Pisces Publications, amb la seva perícia editorial i com a dissenyador ha millorat el llibre significativament. Miquel Fullana, President de l'Associació Balear d'Amics dels Parcs (ABAP) que, amablement, ens ha oferit l'ajuda dels "amics" per emmagatzemar i vendre l'obra a Mallorca. Finalment, als nostres consentits esposos, sense la cooperació dels quals aquest llibret no hauria arribat a fructificar.

Les autores han acordat donar els beneficis de la venda d'aquest llibre a l' ABAP perquè els destini a desenvolupar projectes dins el Parc Natural de s'Albufera.

ACKNOWLEDGEMENTS

Just as "no man is an island" so no book is produced without the help of many people.

The authors wish to thank, very sincerely, Mrs Pat Bishop who readily agreed to assist financially once we had embarked on this venture. Dr Elspeth Beckett who introduced us to some of the plants which were new to us. Nick Riddiford and Rachel King who collected plants which we required and sometimes transported them back to England for us to check their identification. Guillem Alomar and L. Llorens Saez who corrected some of our identifications and to whom we apologise for not using 'up-to-date' nomenclature! Juan Salvador Aquilar, for answering numerous e-mails requesting advice and helping with the final translations and all the members of the staff at s'Albufera, including Biel Perello, who helped us in many practical ways. Peter Creed of Pisces Publications whose editorial and design skills have improved the book significantly. Miquel Fullana, Presidente, Associacio Balear d' AMICS DELS PARCS (ABAP) for kindly offering the services of the 'Friends' to store and sell the booklets in Mallorca. Finally, our long-suffering husbands without whose co-operation this booklet would not have come to fruition.

The authors have agreed to donate the profits of this booklet to ABAP for use in Parc Natural de s'Albufera.

INTRODUCCIÓ

Aquesta guia de butxaca s'ha elaborat amb l'esperança de que resulti interessant pels visitants del Parc Natural de s'Albufera de Mallorca. La majoria de les plantes es poden veure fàcilment al llarg dels itineraris i algunes de les espècies més difícils de trobar també s'han inclòs.

La identificació de les plantes s'ha simplificat al màxim. Les espècies s'han agrupat pel color de les flors, (color que es mostra al cantó de la fulla). Molt sovint hi ha una gradació en els colors, especialment en les flors blaves, morades i rosades, i pot fer necessari consultar més d'un color. Algunes plantes produeixen flors de diferents colors i aquestes variacions es mostren a la il·lustració. Les orquídies es tracten separadament perquè són fàcilment identificables, però els seus colors són difícils d'assignar dins alguna de les categories.

Les il·lustracions generalment mostren, al centre, un brot florit o una branca i a la dreta alguns detalls de la flor, fruit o fulles que es poden servir per a la identificació. Com que les plantes no estan totes dibuixades a la mateixa escala, es dóna una idea del seu aspecte al petit dibuix de l'esquerra i al text es pot trobar una referència a la seva mida. També s'indica el període de floració i creixement, però s'ha d'aclarir tot dos varien considerablement. Mentre que la climatologia i algunes pràctiques de gestió del parc poden afectar el període de floració i la mida de la planta, aquesta darrera característica també resulta afectada per qualitat del sòl.

El text inclou el nom científic de la planta, que és l'emprat a *Flora Europaea* , i els noms populars, si existeixen, en català i anglès. S'ha inclòs un plànol al final del llibre i al text es dóna qualque orientació sobre la localització de les espècies. S'ha de recordar que totes les plantes tenen un període limitat de vida i no sempre es poden trobar a un indret determinat. Les plantes anuals especialment, depenen de la producció anual de llavors i de les condicions locals per a la germinació. El conjunt d'aquests factors fa que d'un any a l'altre les plantes "es desplacin".

Finalment, degut al creixent interès per les herbes medicinals i els usos tradicionals de les plantes, s'ha inclòs informació sobre aquests aspectes si s'han trobat referències.

Aquest llibret pot resultar incomplet en allò que fa referència a arbres, arbusts i herbes, i alguns d'ells es tracten a les seccions finals. Totes les il·lustracions s'han fet a partir d'exemplars vius.

Totes les plantes, a excepció d'una, han estat dibuixades a partir d'exemplars de s'Albufera i encara que aquesta guia no és un inventari exhaustiu de totes les plantes trobades (les zones de pinar i dunes no s'han inclòs) esperam que doni una idea de la gran varietat de plantes presents.

* Encara que som conscients dels canvis de nomeclatura, etc, que s'han produït des de la publicació de *Flora Europaea*, s'ha pres la decisió de simplificar la qüestió emprant aquesta obra com a referència per a la identificació.

INTRODUCTION

This pocket guide has been produced in the hope that it will prove interesting to people visiting the Parc S'Albufera de Mallorca. Most of the flowers easily seen from the pathways, and some which are harder to find, have been included.

Identification of the plants has been made as simple as possible. The plants are arranged by flower colour, (the colour groups are shown on the page corners). There is often a gradation in colour, particularly among blue, mauve and pink flowers and it may be necessary to consult more than one colour group. Some plants produce flowers of different colours and these variations are shown as details in the illustration. Orchids have been shown separately because as a group, they are easily recognisable, but their colours are difficult to categorise.

The illustrations generally show, in the centre, a flowering shoot or branch and on the right some details of flowers, fruit or leaves which may assist in identification. While the plants are not all drawn to the same scale, an idea of their growth habit is shown in the small drawing on the left hand side and their height can also be found in the text. An indication of the flowering period and the height of the plants is also given but it must be made clear that both of these can vary considerably. Flowering periods may be affected by weather conditions and Parc management, while the height of plants also varies in response to weather, soil and people pressure.

The text includes the scientific name of the plant, taken from the *Flora Europaea,* and the common names where available, in both Catalan and English. A map is included at the end of the booklet and some ideas of plant location are given in the text. It has to be remembered that all plants have a limited lifespan and do not stay in the same place permanently. Annuals, especially, are dependent on producing seeds each year and this production is, in turn, dependent on local conditions for germination. So the plants do 'move around'.

Finally, because of an increasing interest in herbal medicines and the usefulness of plants, information on these topics is included where available.

This booklet would be incomplete without reference to the trees, shrubs and grasses found in the Parc and some of these are included in the final sections.

All the plants, with the exception of one, were drawn from live specimens from the S'Albufera and although the booklet does not contain a record of every plant to be found (the dunes and woodland areas are not included) we hope it gives a good indication of the great variety of plants occurring there.

Whilst we are aware of changes in nomenclature etc., since *Flora Europaea* was published, a decision was made to use this flora as a basis for identification, in order to simplify matters.

Cistus salvifolius

ESPÈCIE	**Cistus salvifolius**	SPECIES
FAMÍLIA	Cistaceae	FAMILY

NOM / **NAME**

Estepa negra; Borrera; Estepa borda

Sage-leaved Cistus

FLORACIÓ / **FLOWERING TIME**

| J | F | M | A | M | J | J | A | S | O | N | D |

ALTURA <100 cm **HEIGHT**

DISTRIBUCIÓ I NOTES
Sa Roca, El turó d'Observació d'Ocells; Camí des Senyals.
La planta és una mica peluda, amb un suau aroma.

DISTRIBUTION AND NOTES
Sa Roca, Bird Observation Mound; Camí des Senyals.
Plant is slightly hairy, with little aroma.

Cistus monspeliensis

ESPÈCIE	**Cistus monspeliensis**	SPECIES
FAMÍLIA	Cistaceae	FAMILY

NOM / **NAME**

Estepa limonenca; Estepa morisca

Narrow-leaved Cistus

FLORACIÓ / **FLOWERING TIME**

| J | F | M | A | M | J | J | A | S | O | N | D |

ALTURA <50 cm **HEIGHT**

DISTRIBUCIÓ I NOTES
Sa Roca; Camí de Sa Siurana.
La planta és molt aromàtica, amb glàndules que segreguen una substància enganxosa.

DISTRIBUTION AND NOTES
Sa Roca; Camí de Sa Siurana.
Plant is strongly aromatic, with sticky glands,

Dorycnium hirsutum

ESPÈCIE	**Dorycnium hirsutum**	SPECIES
FAMÍLIA	Leguminosae	FAMILY

NOM / **NAME**

Guixola

Dorycnium

FLORACIÓ / **FLOWERING TIME**

| J | F | M | A | M | J | J | A | S | O | N | D |

ALTURA 40–70 cm **HEIGHT**

DISTRIBUCIÓ I NOTES
Sa Roca, El turó d'Observació d'Ocells.
Tomentosa.

DISTRIBUTION AND NOTES
Sa Roca, Bird Observation Mound.
Densely hairy.

Dorycnium pentaphyllum

ESPÈCIE	**Dorycnium pentaphyllum**	SPECIES
FAMÍLIA	Leguminosae	FAMILY

NOM / **NAME**

Socarrell

FLORACIÓ / **FLOWERING TIME**

| J | F | M | A | M | J | J | A | S | O | N | D |

ALTURA 40–70 cm **HEIGHT**

DISTRIBUCIÓ I NOTES
Sa Roca, El turó d'Observació d'Ocells.
Les fulles són més petites que a
D. hirsutum i més abundants.

DISTRIBUTION AND NOTES
Sa Roca, Bird Observation Mound.
Leaves are smaller than D. hirsutum and more plentiful.

Cistus salvifolius

Cistus monspeliensis

Dorycnium hirsutum

Dorycnium pentaphyllum

9

| ESPÈCIE | ***Trifolium nigrescens*** | SPECIES |
| FAMÍLIA | Leguminosae | FAMILY |

NOM
Trèvol

FLORACIÓ — FLOWERING TIME

| J | F | M | A | M | J | J | A | S | O | N | D |

ALTURA 3–10 cm **HEIGHT**

DISTRIBUCIÓ I NOTES
Sa Roca;
Camí d'Enmig.
Planta molt aferrada al terra, aplicada,
formant tapissos.

DISTRIBUTION AND NOTES
Sa Roca;
Camí d'Enmig.
Ground-hugging, creeping plant which
forms a carpet.

| ESPÈCIE | ***Trifolium repens*** | SPECIES |
| FAMÍLIA | Leguminosae | FAMILY |

NOM
Trèvol blanc

NAME
White Clover

FLORACIÓ — FLOWERING TIME

| J | F | M | A | M | J | J | A | S | O | N | D |

ALTURA 10–50 cm **HEIGHT**

DISTRIBUCIÓ I NOTES
Camí Principal;
Camí d'Enmig;
Prat, Ses Puntes.
Arrela quan el pecíol toca al terra.
Extensament conrada com a farratge.

DISTRIBUTION AND NOTES
Main Drive;
Camí d'Enmig;
Meadow, Ses Puntes.
Spreading plant, rooting where the leaf-
base touches the soil.
Widely cultivated for fodder.

| ESPÈCIE | ***Trifolium scabrum*** | SPECIES |
| FAMÍLIA | Leguminosae | FAMILY |

NOM
Trèvol aspre

NAME
Rough Clover

FLORACIÓ — FLOWERING TIME

| J | F | M | A | M | J | J | A | S | O | N | D |

ALTURA 3–50 cm **HEIGHT**

DISTRIBUCIÓ I NOTES
Comú per camins més secs,
marges dels ponts.
Camí des Senyals;
Camí dels Polls.
Pilós

DISTRIBUTION AND NOTES AND NOTES
Common along drier tracks,
edges of bridges.
Camí des Senyals;
Camí dels Polls.
Hairy

| ESPÈCIE | ***Trifolium subterraneum*** | SPECIES |
| FAMÍLIA | Leguminosae | FAMILY |

NOM

NAME
Subterranean Clover

FLORACIÓ — FLOWERING TIME

| J | F | M | A | M | J | J | A | S | O | N | D |

ALTURA 3–10 cm **HEIGHT**

DISTRIBUCIÓ I NOTES
Apareix a les zones més seques,
p.e., el pont del Gran Canal a Sa Roca;
També al Camí des Senyals.
El peduncle del fruit s'allarga, empeny el fruit
cap al sòl i l'enterra.

DISTRIBUTION AND NOTES
Occurs in very dry areas,
e.g., on bridge over Gran Canal at Sa Roca,
also along Camí des Senyals.
The fruit stalk elongates and pushes the fruit into
the ground.

Trifolium nigrescens

Trifolium repens

Trifolium scabrum

Trifolium subterraneum

11

NOM — NAME

FLORACIÓ — FLOWERING TIME

| J | F | M | A | M | J | J | A | S | O | N | D |

ALTURA — (enfiladissa) 100–200 cm (scrambling) — HEIGHT

DISTRIBUCIÓ I NOTES
Enfilat damunt *Phragmites* als llocs més humits de s'albufera, Camí de Pujol i Camí dels Polls.

DISTRIBUTION AND NOTES
Among *Phragmites* in the wettest parts of the marsh, Camí de Pujol and Camí dels Polls.

| ESPÈCIE | *Galium aparine* | SPECIES |
| FAMÍLIA | Rubiaceae | FAMILY |

NOM — NAME
Rebola d'hortola — Goosegrass; Cleavers

FLORACIÓ — FLOWERING TIME

| J | F | M | A | M | J | J | A | S | O | N | D |

ALTURA — (enfiladissa) 150–200 cm (scrambling) — HEIGHT

DISTRIBUCIÓ I NOTES
Camí Principal;
Als voltants de Sa Roca;
Camí de Sa Siurana;
Es Forcadet.
Es menjava bullit com a verdura.
S'emprava pel tractament de ferides i úlceres

DISTRIBUTION AND NOTES
Main Drive;
Around Sa Roca;
Camí de Sa Siurana;
Es Forcadet.
Can be boiled and eaten as a vegetable.
Was used for the treatment of wounds and ulcers.

| ESPÈCIE | *Galium tricornutum* | SPECIES |
| FAMÍLIA | Rubiaceae | FAMILY |

NOM — NAME
Rough Corn Bedstraw; Corn Cleavers

FLORACIÓ — FLOWERING TIME

| J | F | M | A | M | J | J | A | S | O | N | D |

ALTURA — (s'enfila) 150–200 cm (climber) — HEIGHT

DISTRIBUCIÓ I NOTES
Camí de ses Puntes;
Prat Ses Puntes.

DISTRIBUTION AND NOTES
Camí de ses Puntes;
Meadow, Ses Puntes.

| ESPÈCIE | *Galium verrucosum* | SPECIES |
| FAMÍLIA | Rubiaceae | FAMILY |

NOM — NAME
Rebola

FLORACIÓ — FLOWERING TIME

| J | F | M | A | M | J | J | A | S | O | N | D |

ALTURA — 5–10 cm — HEIGHT

DISTRIBUCIÓ I NOTES
Camí de Ses Puntes;
Camí des Senyals.

DISTRIBUTION AND NOTES
Camí de Ses Puntes;
Camí des Senyals.

| ESPÈCIE | *Galium murale* | SPECIES |
| FAMÍLIA | Rubiaceae | FAMILY |

NOM — NAME

FLORACIÓ — FLOWERING TIME

| J | F | M | A | M | J | J | A | S | O | N | D |

ALTURA — 3–10 cm — HEIGHT

DISTRIBUCIÓ I NOTES
Ses Puntes,
davall els pins.

DISTRIBUTION AND NOTES
Ses Puntes,
under Pine trees.

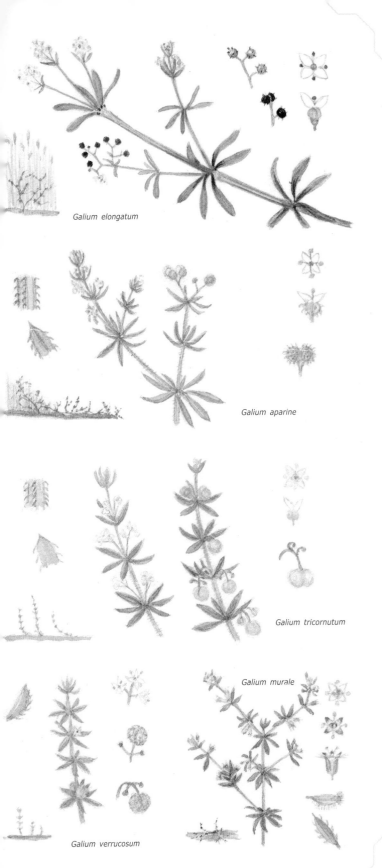

Galium elongatum

Galium aparine

Galium tricornutum

Galium murale

Galium verrucosum

13

| ESPÈCIE | *Stellaria media* | SPECIES |
| FAMÍLIA | Caryophyllaceae | FAMILY |

| NOM | NAME |
| Saginera | Common Chickweed |

FLORACIÓ / FLOWERING TIME

J	F	M	A	M	J	J	A	S	O	N	D

ALTURA **<50 cm** HEIGHT

DISTRIBUCIÓ I NOTES
A la majoria dels camins, i especialment al Prat, Ses Puntes.
Les llavors s'utilitzen per donar de menjar a l'aviram i a les aus domèstiques. En petites quantitats és bona a les amanides i als sofrits.

DISTRIBUTION AND NOTES
Most tracks, and especially Meadow, Ses Puntes.
Seeds are used as food for poultry and cage birds. Small quantities are good in salads or stir-fries.

| ESPÈCIE | *Stellaria pallida* | SPECIES |
| FAMÍLIA | Caryophyllaceae | FAMILY |

| NOM | NAME |
| | Lesser Chickweed |

FLORACIÓ / FLOWERING TIME

J	F	M	A	M	J	J	A	S	O	N	D

ALTURA **10–40 cm** HEIGHT

DISTRIBUCIÓ I NOTES
A la majoria dels camins, i especialment al Prat, Ses Puntes

DISTRIBUTION AND NOTES
Most tracks, and especially Meadow, Ses Puntes.

| ESPÈCIE | *Cerastium glomeratum* | SPECIES |
| FAMÍLIA | Caryophyllaceae | FAMILY |

| NOM | NAME |
| | Sticky Mouse-ear |

FLORACIÓ / FLOWERING TIME

J	F	M	A	M	J	J	A	S	O	N	D

ALTURA **5–40 cm** HEIGHT

DISTRIBUCIÓ I NOTES
Camí des Senyals; Prat, Ses Puntes.
És suau al tacte.

DISTRIBUTION AND NOTES
Camí des Senyals; Meadow, Ses Puntes.
Feels soft to the touch.

| ESPÈCIE | *Cerastium semidecandrum* | SPECIES |
| FAMÍLIA | Caryophyllaceae | FAMILY |

| NOM | NAME |
| | Little Mouse-ear |

FLORACIÓ / FLOWERING TIME

J	F	M	A	M	J	J	A	S	O	N	D

ALTURA **5–20 cm** HEIGHT

DISTRIBUCIÓ I NOTES
A la majoria dels camins, i especialment al Prat, Ses Puntes.

DISTRIBUTION AND NOTES
Most tracks, and especially Meadow, Ses Puntes.

Stellaria media

Stellaria pallida

Cerastium glomeratum

Cerastium semidecandrum

| ESPÈCIE | *Cardaria draba* | SPECIES |
| FAMÍLIA | Cruciferae | FAMILY |

NOM / NAME

Capellans; Pelitre;
Babols; Papoles

Hoary Cress;
Hoary Pepperwort

FLORACIÓ / FLOWERING TIME

J	F	M	A	M	J	J	A	S	O	N	D

ALTURA · <30 cm · HEIGHT

DISTRIBUCIÓ I NOTES / DISTRIBUTION AND NOTES

**Camí de Sa Siurana,
Prop de taquait Bishop 2.**

**Camí de Sa Siurana,
near Bishop 2 hide.**

| ESPÈCIE | *Lobularia maritima* | SPECIES |
| FAMÍLIA | Cruciferae | FAMILY |

NOM / NAME

Herba o barba blanca

Sweet Alison

FLORACIÓ / FLOWERING TIME

J	F	M	A	M	J	J	A	S	O	N	D

ALTURA · 10–15 cm · HEIGHT

DISTRIBUCIÓ I NOTES / DISTRIBUTION AND NOTES

**Sovint sobre, o a la base, de les parets.
Camí Principal;
Als volants Sa Roca;
Camí des Senyals.**
Flors amb perfum dolç.

**Often on tops, or at bottoms, of walls.
Main Drive;
Around Sa Roca;
Camí des Senyals.**
Flowers are sweetly scented.

| ESPÈCIE | *Capsella bursa-pastoris* | SPECIES |
| FAMÍLIA | Cruciferae | FAMILY |

NOM / NAME

Sarronets; Pa i formatge;
Teleca o bossa de pastor

Shepherd's Purse

FLORACIÓ / FLOWERING TIME

J	F	M	A	M	J	J	A	S	O	N	D

ALTURA · 15–30 cm · HEIGHT

DISTRIBUCIÓ I NOTES / DISTRIBUTION AND NOTES

Comú per la majoria dels camins.

Common, along most tracks.

| ESPÈCIE | *Nasturtium officinale* | SPECIES |
| FAMÍLIA | Cruciferae | FAMILY |

NOM / NAME

Creixecs

Water-cress

FLORACIÓ / FLOWERING TIME

J	F	M	A	M	J	J	A	S	O	N	D

ALTURA · 3–10 cm · HEIGHT

DISTRIBUCIÓ I NOTES / DISTRIBUTION AND NOTES

**En aqua que fu fuit.
Canal dels Polls;
Canal de Pujol.**
S'usa per fer amanides i sopa.

**In running water.
Canal dels Polls;
Canal de Pujol.**
Used in salads and soups.

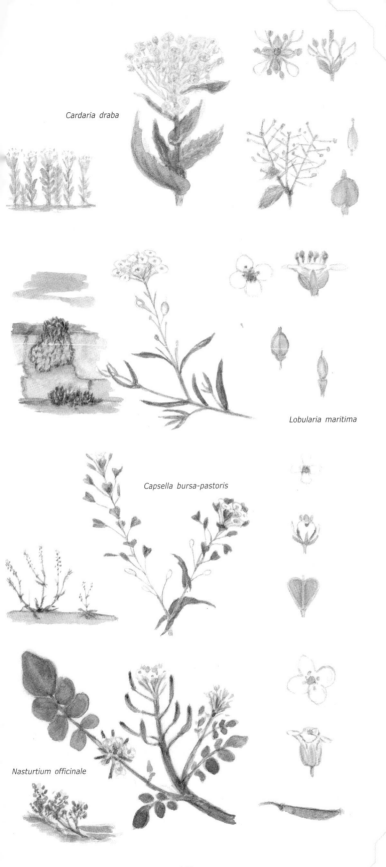

Cardaria draba

Lobularia maritima

Capsella bursa-pastoris

Nasturtium officinale

17

Eruca sativa
Cruciferae

ESPÈCIE — SPECIES
FAMÍLIA — FAMILY

NOM / NAME

La sativa; Ruca; Card oruga

Rocket

FLORACIÓ / FLOWERING TIME

J	F	M	A	M	J	J	A	S	O	N	D

ALTURA / HEIGHT

40–60(100) cm

DISTRIBUCIÓ I NOTES / DISTRIBUTION AND NOTES

Camí de Ses Puntes;
Sa Roca, El turó d'Observació d'Ocells.
Les fulles s'usen per fer amanides.

Camí de Ses Puntes;
Sa Roca, Bird Observation Mound.
Leaves used in salads.

Diplotaxis erucoides
Cruciferae

NOM / NAME

Ravenissa blanca

White Wall Rocket

FLORACIÓ / FLOWERING TIME

J	F	M	A	M	J	J	A	S	O	N	D

ALTURA / HEIGHT

20–40 cm

DISTRIBUCIÓ I NOTES / DISTRIBUTION AND NOTES

Es Forcadet;
Camí de s'Illot;
Prat, Ses Puntes.

Es Forcadet;
Camí de s'Illot;
Meadow, Ses Puntes.

Lepidium graminifolium
Cruciferae

NOM / NAME

Tall Pepperwort

FLORACIÓ / FLOWERING TIME

J	F	M	A	M	J	J	A	S	O	N	D

ALTURA / HEIGHT

30–120 cm

DISTRIBUCIÓ I NOTES / DISTRIBUTION AND NOTES

Prat, Ses Puntes;
Es Forcadet.
Aquesta i altres espècies pròximes s'usaven
com a condiment, i per tractar la lepra.

Meadow, Ses Puntes;
Es Forcadet.
This and closely related species were used
as condiment and as herbal treatment for
leprosy sores.

Cardamine hirsuta
Cruciferae

NOM / NAME

Hairy Bittercress

FLORACIÓ / FLOWERING TIME

J	F	M	A	M	J	J	A	S	O	N	D

ALTURA / HEIGHT

10–30 cm

DISTRIBUCIÓ I NOTES / DISTRIBUTION AND NOTES

Comú per tots els camins.
La càpsula explota dispersant les llavors.
Les fulles donen un fort sabor a les amanides.

Common along all tracks.
The capsule explodes dispersing the seeds.
Leaves give a tangy flavour to salads.

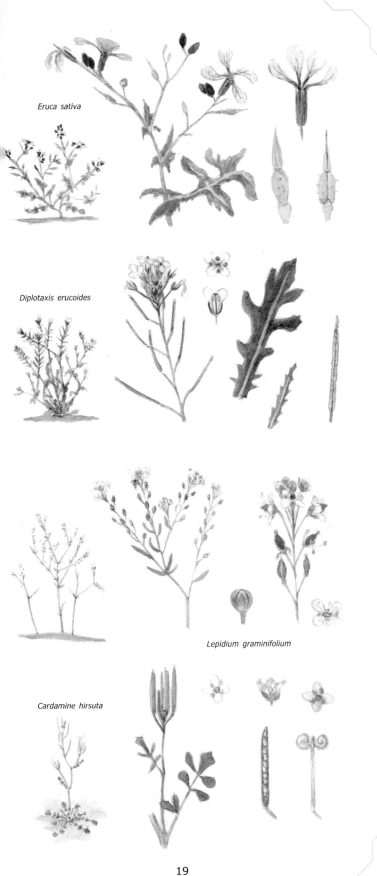

Eruca sativa

Diplotaxis erucoides

Lepidium graminifolium

Cardamine hirsuta

19

Daucus carota
Umbelliferae

NOM / **NAME**

Botxes; Fonollassa;
Pastenaga borda

Wild Carrot

FLORACIÓ / **FLOWERING TIME**

J	F	M	A	M	J	J	A	S	O	N	D

ALTURA 50–100 cm **HEIGHT**

DISTRIBUCIÓ I NOTES
Comú per tots els camins.
Umbel·la en forma de plat quan està en fruit.
Les varietats actuals de Pastenaga deriven
d'aquesta espècie silvestre.

DISTRIBUTION AND NOTES
Common along all tracks.
Cup-shaped head in fruit.
Wild species from which present-day varieties
of carrot have been derived.

Conium maculatum
Umbelliferae

NOM / **NAME**

Cicuta

Hemlock

FLORACIÓ / **FLOWERING TIME**

J	F	M	A	M	J	J	A	S	O	N	D

ALTURA 100–250 cm **HEIGHT**

DISTRIBUCIÓ I NOTES
Camí d'Enmig;
Prat, Ses Puntes.
VERINOSA.
Part inferior de les branques amb taques púrpures.
Els nins utilitzaven les tiges seques com a tirador.

DISTRIBUTION AND NOTES
Camí d'Enmig;
Meadow, Ses Puntes.
POISONOUS.
Almost hairless. Purple spots on lower stem.
Dried stems were used by children as
pea-shooters.

Apium graveolens
Umbelliferae

NOM / **NAME**

Api; Api bord

Wild Celery

FLORACIÓ / **FLOWERING TIME**

J	F	M	A	M	J	J	A	S	O	N	D

ALTURA 40–50 cm **HEIGHT**

DISTRIBUCIÓ I NOTES
Normalment creix dins l'aigua.
Camí d'en Pep; Camí dels Polls;
Canal de ses Puntes.
Aromàtica.
Espècie silvestre de la qual han derivat les
espècies de jardí.

DISTRIBUTION AND NOTES
Usually grows in water.
Camí d'en Pep; Camí dels Polls;
Canal de ses Puntes.
Strong celery smell.
Wild species from which garden forms have
been derived.

Apium nodiflorum
Umbelliferae

NOM / **NAME**

Gallassa; Api de siquia

Fool's Water-cress

FLORACIÓ / **FLOWERING TIME**

J	F	M	A	M	J	J	A	S	O	N	D

ALTURA 20–100 cm **HEIGHT**

DISTRIBUCIÓ I NOTES
Normalment es troba dins l'aigua.
Malecó des Canal des Sol;
Canal dels Polls.
Més suau que els créixens, però NO verinosa.

DISTRIBUTION AND NOTES
Usually to be found in water.
Malecó des Canal des Sol;
Canal dels Polls.
More bland than Water-cress, but NOT poisonous.

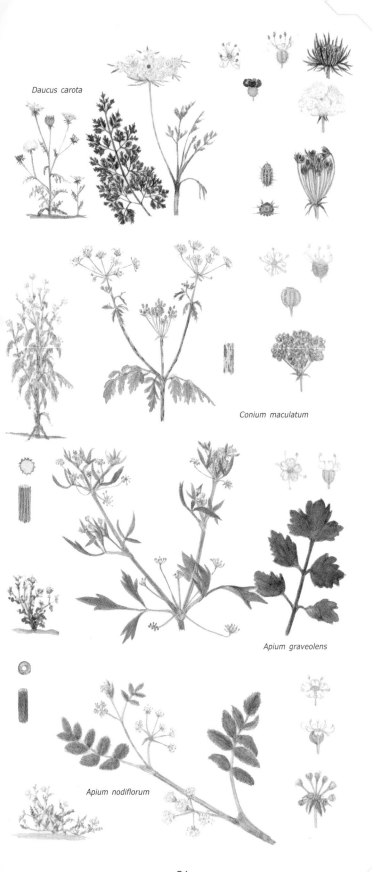

Daucus carota

Conium maculatum

Apium graveolens

Apium nodiflorum

Torilis arvensis
Umbelliferae

Spreading Hedge-parsley

J	F	M	A	M	J	J	A	S	O	N	D

25–50 cm

Per la majoria de camins. | **Along mosts tracks.**

Torilis nodosa
Umbelliferae

Knotted Hedge-parsley

J	F	M	A	M	J	J	A	S	O	N	D

15–30 cm

Camí des Senyals, extrem nord i especialment a la banda de la paret que dóna a Es Cibollar.
Freqüentment ajeguda a terra.

Camí des Senyals, N end and especially on the Es Cibollar side of the wall.
Often lying on the ground.

Scandix pecten-veneris
Umbelliferae

Filabarba; Agulles | Shepherd's Needle

J	F	M	A	M	J	J	A	S	O	N	D

10–30(50) cm

Camí de Ses Puntes;
Prat, Ses Puntes;
Camí des Senyals.

Camí de Ses Puntes;
Meadow, Ses Puntes;
Camí des Senyals.

Oenanthe lachenalii
Umbelliferae

Parsley Water-dropwort

J	F	M	A	M	J	J	A	S	O	N	D

40–80 cm

Generalment es troba terrenys humits
Canal de Pujol;
Es Forcadet.
Totes les parts de la planta són **VERINOSA**.

Usually to be found in marshy places.
Canal de Pujol;
Es Forcadet.
All parts of this plant are **POISONOUS**.

També s'ha registrat **Oenanthe globulosa**. | **Oenanthe globulosa** has also been recorded.

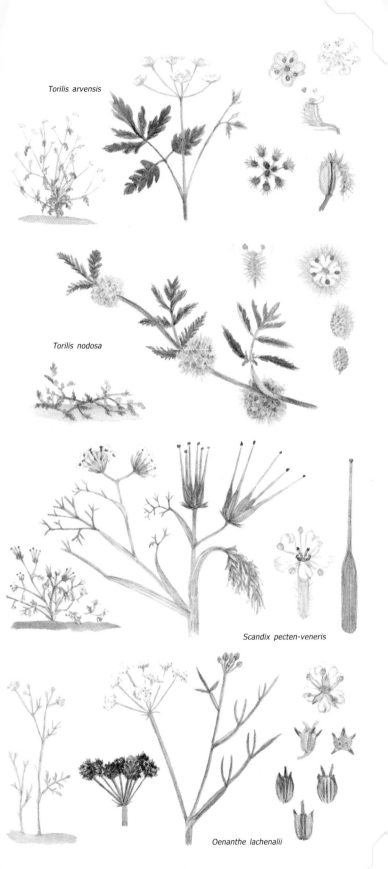

Torilis arvensis

Torilis nodosa

Scandix pecten-veneris

Oenanthe lachenalii

ESPÈCIE	*Polygonum salicifolium*	SPECIES
FAMÍLIA	Polygonaceae	FAMILY

NOM	NAME
	Willow-leaved Knotgrass

FLORACIÓ / FLOWERING TIME

J	F	M	A	M	J	J	A	S	O	N	D

ALTURA **<130 cm** HEIGHT

DISTRIBUCIÓ I NOTES / DISTRIBUTION AND NOTES

Camí dels Polls, límits dels canals d'aigua dolça amb *Phragmites*.

Camí dels Polls, edge of canal in fresh water with *Phragmites*.

ESPÈCIE	*Polygonum aviculare*	SPECIES
FAMÍLIA	Polygonaceae	FAMILY

NOM	NAME
Herba de cent nuus Corretjola; Escanyavelles	Knotgrass

FLORACIÓ / FLOWERING TIME

J	F	M	A	M	J	J	A	S	O	N	D

ALTURA **5–20 cm** HEIGHT

DISTRIBUCIÓ I NOTES / DISTRIBUTION AND NOTES

Camí dels Polls; Es Forcadet.

Camí dels Polls; Es Forcadet.

ESPÈCIE	*Thesium humile*	SPECIES
FAMÍLIA	Santalaceae	FAMILY

NOM	NAME

FLORACIÓ / FLOWERING TIME

J	F	M	A	M	J	J	A	S	O	N	D

ALTURA **10–20 cm** HEIGHT

DISTRIBUCIÓ I NOTES / DISTRIBUTION AND NOTES

Prat, Ses Puntes.

Meadow, Ses Puntes.

ESPÈCIE	*Polycarpon alsinifolium*	SPECIES
FAMÍLIA	Caryophyllaceae	FAMILY

NOM	NAME
	Four-leaved Allseed

FLORACIÓ / FLOWERING TIME

J	F	M	A	M	J	J	A	S	O	N	D

ALTURA **2–10 cm** HEIGHT

DISTRIBUCIÓ I NOTES / DISTRIBUTION AND NOTES

Sa Roca, El turó d'Observació d'Ocells; Pont del Canal de Sa Siurana; Camí dels Polls.
Les flors són MOLT petites.

Sa Roca, Bird Observation Mound; Bridge over Canal de Sa Siurana; Camí dels Polls.
Flowers are VERY small.

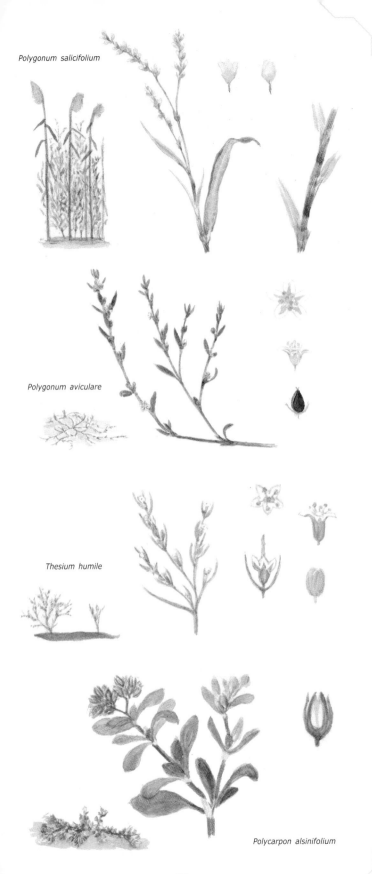

Polygonum salicifolium

Polygonum aviculare

Thesium humile

Polycarpon alsinifolium

25

Sideritis romana
FAMÍLIA — Labiatae — FAMILY

NOM — NAME
Espinadella petita

FLORACIÓ — FLOWERING TIME

J	F	M	A	M	J	J	A	S	O	N	D

ALTURA — 5–10 cm — HEIGHT

DISTRIBUCIÓ I NOTES — DISTRIBUTION AND NOTES
Damunt les parets dels aqüeductes. — Tops of aqueduct walls.
Camí Principal; — Main Drive;
Camí de Ses Puntes; — Camí de Ses Puntes;
Prat, Ses Puntes. — Meadow, Ses Puntes.
Peluda. — Hairy annual.

ESPÈCIE — **Teucrium polium ssp. polium** — SPECIES
FAMÍLIA — Labiatae — FAMILY

NOM — NAME
Herba de Sant Ponç — Felty Germander

FLORACIÓ — FLOWERING TIME

J	F	M	A	M	J	J	A	S	O	N	D

ALTURA — 20–30(40) cm — HEIGHT

DISTRIBUCIÓ I NOTES — DISTRIBUTION AND NOTES
Camí de Ses Puntes, prop dels pins; — Camí de Ses Puntes, near Pine trees;
Sa Roca, El turó d'Observació d'Ocells. — Sa Roca, Bird Observation Mound.
Tiges albo-tomentoses. — Stems often densely felted.

ESPÈCIE — **Marrubium vulgare** — SPECIES
FAMÍLIA — Labiatae — FAMILY

NOM — NAME
Malrrubi; Marreus — White Horehound

FLORACIÓ — FLOWERING TIME

J	F	M	A	M	J	J	A	S	O	N	D

ALTURA — 10–30 cm — HEIGHT

DISTRIBUCIÓ I NOTES — DISTRIBUTION AND NOTES
Prat, Ses Puntes; — Meadow, Ses Puntes;
Es Forcadet. — Es Forcadet.
De forta olor y albo-tomentosa. — Aromatic and woolly haired.

ESPÈCIE — **Silene vulgaris** — SPECIES
FAMÍLIA — Caryophyllaceae — FAMILY

NOM — NAME
Colís; Colissos; Trons — Bladder Campion

FLORACIÓ — FLOWERING TIME

J	F	M	A	M	J	J	A	S	O	N	D

ALTURA — 30–40(50) cm — HEIGHT

DISTRIBUCIÓ I NOTES — DISTRIBUTION AND NOTES
Per la majoria de camins. — Along most tracks.
Les fulles es mengen a truites i amanides. — Leaves are used in salads and omelettes.

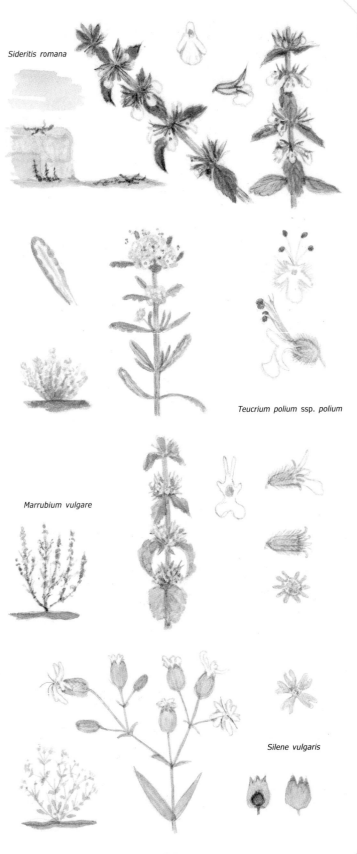

Sideritis romana

Teucrium polium ssp. *polium*

Marrubium vulgare

Silene vulgaris

27

Heliotropium europaeum

ESPÈCIE	*Heliotropium europaeum*	SPECIES
FAMÍLIA	Boraginaceae	FAMILY

NOM		NAME
Girasol; Passarelles		Heliotrope

FLORACIÓ — FLOWERING TIME

J	F	**M**	**A**	**M**	**J**	**J**	**A**	**S**	O	N	**D**

ALTURA — 20–30 cm — HEIGHT

DISTRIBUCIÓ I NOTES
**Camí des Senyals;
Prat, Ses Puntes.**
Peluda.

DISTRIBUTION AND NOTES
**Camí des Senyals;
Meadow, Ses Puntes.**
Hairy.

Heliotropium curassavicum

ESPÈCIE	*Heliotropium curassavicum*	SPECIES
FAMÍLIA	Boraginaceae	FAMILY

NOM		NAME

FLORACIÓ — FLOWERING TIME

J	F	**M**	**A**	**M**	**J**	**J**	**A**	**S**	O	N	**D**

ALTURA — 20–30(40) cm — HEIGHT

DISTRIBUCIÓ I NOTES
Sa Roca.
Glabra. Fulles un poc carnoses.

DISTRIBUTION AND NOTES
Sa Roca.
Hairless. Leaves slightly fleshy.

Buglossoides arvensis

ESPÈCIE	*Buglossoides arvensis*	SPECIES
FAMÍLIA	Boraginaceae	FAMILY

NOM		NAME
Mijo del sol		Corn Gromwell

FLORACIÓ — FLOWERING TIME

J	F	**M**	**A**	**M**	**J**	**J**	**A**	**S**	O	N	**D**

ALTURA — 15–25 cm — HEIGHT

DISTRIBUCIÓ I NOTES
**Camí de Sa Siurana;
Prat, Ses Puntes.**
Piloso-estrigosa.

DISTRIBUTION AND NOTES
**Camí de Sa Siurana;
Meadow, Ses Puntes.**
Bristly hairs.

Samolus valerandi

ESPÈCIE	*Samolus valerandi*	SPECIES
FAMÍLIA	Primulaceae	FAMILY

NOM		NAME
Enciam de senyor; Enciamet de la Mare de Déu		Brookweed

FLORACIÓ — FLOWERING TIME

J	F	**M**	**A**	**M**	**J**	**J**	**A**	**S**	O	N	**D**

ALTURA — 20–50 cm — HEIGHT

DISTRIBUCIÓ I NOTES
**Generalment es troba terrenys humits.
Camí de Sa Siurana, prop de l'aguait Bishop 1;
Son San Joan.**

DISTRIBUTION AND NOTES
**Usually found in damp places.
Camí de Sa Siurana, near Bishop 1 Hide;
Son San Joan.**

Heliotropium europaeum

Heliotropium curassavicum

Buglossiodes arvensis

Samolus valerandi

29

Solanum nigrum
ESPÈCIE **Solanum nigrum** SPECIES
FAMÍLIA Solanaceae FAMILY

NOM NAME
Pebre d'ase Black Nightshade

FLORACIÓ FLOWERING TIME

J	F	M	A	M	J	J	A	S	O	N	D

ALTURA 30–50(70) cm HEIGHT

DISTRIBUCIÓ I NOTES — DISTRIBUTION AND NOTES
Entre la Recepció i el Museu; **Between Reception and Museum;**
Als voltants de Sa Roca; **Around Sa Roca;**
Camí de Ses Puntes; **Camí de Ses Puntes;**
Camí d'Enmig; **Camí d'Enmig;**
Es Forcadet. **Es Forcadet.**
Els fruits són VERINOSA. Fruits are POISONOUS.

Clematis flammula
ESPÈCIE **Clematis flammula** SPECIES
FAMÍLIA Ranunculaceae FAMILY

NOM NAME
Vidauba; Vidriella; Geramí bord Fragrant Clematis

FLORACIÓ FLOWERING TIME

J	F	M	A	M	J	J	A	S	O	N	D

ALTURA (s'enfila) <500 cm (climber) HEIGHT

DISTRIBUCIÓ I NOTES DISTRIBUTION AND NOTES
Camí Principal; **Main drive;**
Camí de Sa Siurana. **Camí de Sa Siurana.**
Troços de les tiges es fumaven com a cigars. Lengths of stem were smoked like cigars.
A vegades creix com a planta de jardí. Sometimes grown as garden plants.

Rosa sempervirens
ESPÈCIE **Rosa sempervirens** SPECIES
FAMÍLIA Rosaceae FAMILY

NOM NAME
Gavarrera; Gavarra Evergreen Rose

FLORACIÓ FLOWERING TIME

J	F	M	A	M	J	J	A	S	O	N	D

ALTURA <500 cm HEIGHT

DISTRIBUCIÓ I NOTES DISTRIBUTION AND NOTES
Camí de Sa Siurana; **Camí de Sa Siurana;**
Camí d'Enmig; **Camí d'Enmig;**
Camí des Senyals. **Camí des Senyals.**
Espinosa Prickly.

Calystegia sepium
ESPÈCIE **Calystegia sepium** SPECIES
FAMÍLIA Convolvulaceae FAMILY

NOM NAME
Corretjola blanca Bellbine; Hedge Bindweed

FLORACIÓ FLOWERING TIME

J	F	M	A	M	J	J	A	S	O	N	D

ALTURA (s'enfila) <200 cm (climber) HEIGHT

DISTRIBUCIÓ I NOTES DISTRIBUTION AND NOTES
Per tots els camins, enfilada als *Phragmites*. **Along all tracks, climbing up *Phragmites*.**
c.f., *Convolvulus arvensis*. c.f., *Convolvulus arvensis*.

Solanum nigrum

Clematis flammula

Rosa sempervirens

Calystegia sepium

31

ESPÈCIE	*Allium triquetrum*	SPECIES
FAMÍLIA	Liliaceae	FAMILY

NOM		NAME
Vitracs; Allasa blanca; Herba de Sant Jean		Three-cornered Leek

FLORACIÓ / FLOWERING TIME

J	F	M	A	M	J	J	A	S	O	N	D

ALTURA — 20–50 cm — HEIGHT

DISTRIBUCIÓ I NOTES
Per la majoria de camins, sobretot a Camí de Sa Siurana i al Camí d'Enmig.
Tija triangular.
Les flors penjen cap a un costat.
Una olor d'all bastart forta.

DISTRIBUTION AND NOTES
Along most tracks, especially Camí de Sa Siurana and Camí d'Enmig.
Triangular stem.
Flowers are borne on one side.
Strong smell of onions.

ESPÈCIE	*Ornithogalum umbellatum*	SPECIES
FAMÍLIA	Liliaceae	FAMILY

NOM		NAME
Llet d'ocell		Star of Bethlehem

FLORACIÓ / FLOWERING TIME

J	F	M	A	M	J	J	A	S	O	N	D

ALTURA — 15–30 cm — HEIGHT

DISTRIBUCIÓ I NOTES
Prat, Ses Puntes.
Verinós pel bestiar.

DISTRIBUTION AND NOTES
Meadow, Ses Puntes.
Poisonous to cattle.

ESPÈCIE	*Narcissus serotinus*	SPECIES
FAMÍLIA	Amaryllidaceae	FAMILY

NOM	NAME
Narcis	

FLORACIÓ / FLOWERING TIME

J	F	M	A	M	J	J	A	S	O	N	D

ALTURA — 10–15 cm — HEIGHT

DISTRIBUCIÓ I NOTES
Camí de Ses Puntes, prop dels pins.
Flors oloroses.
Sense fulles durant la floració.

DISTRIBUTION AND NOTES
Camí de Ses Puntes, near Pine trees.
Flowers scented.
Leaves absent at flowering time.

ESPÈCIE	*Spiranthes spiralis*	SPECIES
FAMÍLIA	Orchidaceae	FAMILY

NOM	NAME
Orquidia de tardor	Autumn Lady's-tresses

FLORACIÓ / FLOWERING TIME

J	F	M	A	M	J	J	A	S	O	N	D

ALTURA — 10–20 cm — HEIGHT

DISTRIBUCIÓ I NOTES
Camí de Ses Puntes, prop dels pins.
Flors oloroses.

DISTRIBUTION AND NOTES
Camí de Ses Puntes, near Pine Trees.
Flowers scented.

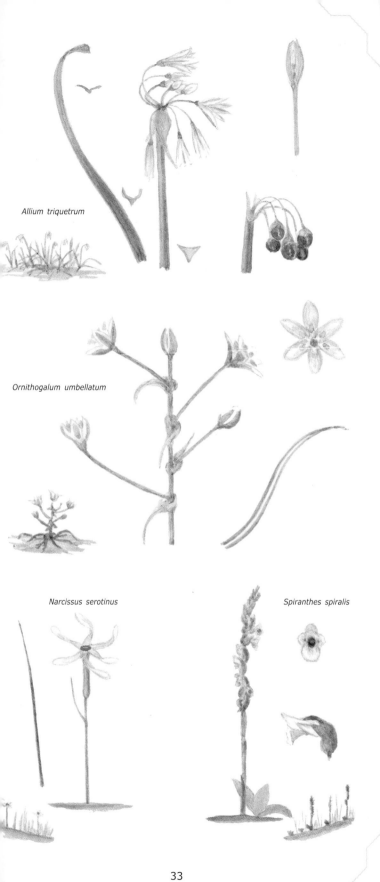

Allium triquetrum

Ornithogalum umbellatum

Narcissus serotinus

Spiranthes spiralis

ESPÈCIE	*Conyza canadensis*	SPECIES
FAMÍLIA	Compositae	FAMILY

NOM / NAME

Canadian Fleabane

FLORACIÓ / FLOWERING TIME

J	F	M	A	M	J	J	A	S	O	N	D

ALTURA 50–150 cm HEIGHT

DISTRIBUCIÓ I NOTES
A tot arreu.
La planta és una mica peluda.
Abans s'usava per repelir les puces.
cf. *Conyza bonariensis*.

DISTRIBUTION AND NOTES
Widespread.
Sparsely hairy.
Formerly used to repel fleas.
cf. *Conyza bonariensis*.

ESPÈCIE	*Conyza bonariensis*	SPECIES
FAMÍLIA	Compositae	FAMILY

NOM / NAME

Fleabane

FLORACIÓ / FLOWERING TIME

J	F	M	A	M	J	J	A	S	O	N	D

ALTURA 50–100(200) cm HEIGHT

DISTRIBUCIÓ I NOTES
**Especialment al prat, Ses Puntes;
Camí Principal; Es Forcadet.**
Peluda.
Es penjaven ramells que eren cremats per repelir
les puces. Molt propera a la planta de la que
s'extreu el pelitre usat com insecticida.

DISTRIBUTION AND NOTES
**Especially in Meadow, Ses Puntes;
Main Drive; Es Forcadet.**
Hairy.
Hanging bunches were burnt to repel fleas.
Closely related to the plant which produces the
insecticide, "pyrethrum".

ESPÈCIE	*Aster squamatus*	SPECIES
FAMÍLIA	Compositae	FAMILY

NOM / NAME

FLORACIÓ / FLOWERING TIME

J	F	M	A	M	J	J	A	S	O	N	D

ALTURA 50–100 cm HEIGHT

DISTRIBUCIÓ I NOTES
**Per tots els camins, sobretot a les
zones de salinitat més elevada.**

DISTRIBUTION AND NOTES
**Along all tracks, especially ones
in the more salty ares.**

ESPÈCIE	*Bellis annua*	SPECIES
FAMÍLIA	Compositae	FAMILY

NOM / NAME

Margalideta; Primavera;   Annual Daisy
Picarol

FLORACIÓ / FLOWERING TIME

J	F	M	A	M	J	J	A	S	O	N	D

ALTURA 5–10 cm HEIGHT

DISTRIBUCIÓ I NOTES
Per la majoria de camins.
Molt fàcil de veure als mesos de febrer i març.

DISTRIBUTION AND NOTES
Along all tracks.
Very noticeable in February and March.

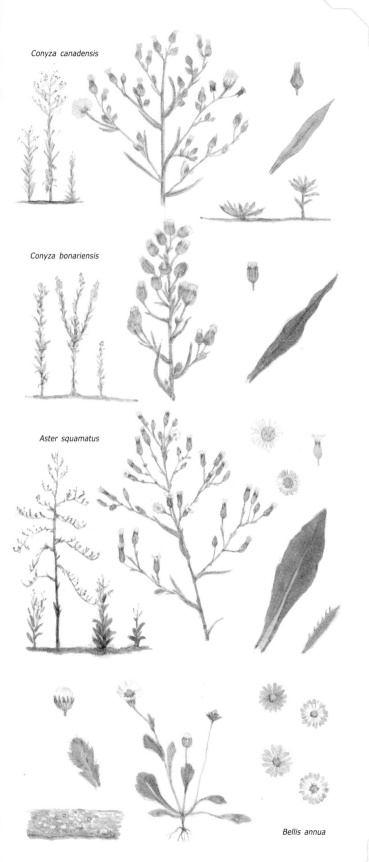

Conyza canadensis

Conyza bonariensis

Aster squamatus

Bellis annua

35

| ESPÈCIE | ***Astragalus boeticus*** | SPECIES |
| FAMÍLIA | Leguminosae | FAMILY |

NOM / NAME

Cafe bord

FLORACIÓ / FLOWERING TIME

| J | F | **M** | **A** | **M** | **J** | **J** | **A** | S | O | N | D |

ALTURA / HEIGHT

50 cm

DISTRIBUCIÓ I NOTES / DISTRIBUTION AND NOTES

Camí des Senyals.   **Camí des Senyals.**

| ESPÈCIE | ***Vicia lutea*** | SPECIES |
| FAMÍLIA | Leguminosae | FAMILY |

NOM / NAME

Yellow Vetch

FLORACIÓ / FLOWERING TIME

| J | F | M | **A** | **M** | **J** | **J** | **A** | S | O | N | D |

ALTURA / HEIGHT

(s'enfila) 100–200 cm (climber)

DISTRIBUCIÓ I NOTES / DISTRIBUTION AND NOTES

Camí de Sa Siurana;   **Camí de Sa Siurana;**
Camí des Senyals.   **Camí des Senyals.**

| ESPÈCIE | ***Stachys ochymastrum*** | SPECIES |
| FAMÍLIA | Labiatae | FAMILY |

NOM / NAME

Espinadella   Woundwort

FLORACIÓ / FLOWERING TIME

| J | F | M | **A** | **M** | J | **J** | **A** | S | O | N | D |

ALTURA / HEIGHT

30–50 cm

DISTRIBUCIÓ I NOTES / DISTRIBUTION AND NOTES

Camí de Sa Siurana;   **Camí de Sa Siurana;**
Malecó des Canal des Sol.   **Malecó des Canal des Sol.**

| ESPÈCIE | ***Coronopus squamatus*** | SPECIES |
| FAMÍLIA | Cruciferae | FAMILY |

NOM / NAME

Gervellina;   Swine Cress
Herba de Sang

FLORACIÓ / FLOWERING TIME

| J | F | **M** | **A** | **M** | **J** | **J** | **A** | S | O | N | D |

ALTURA / HEIGHT

<5 cm

DISTRIBUCIÓ I NOTES / DISTRIBUTION AND NOTES

A tot arreu. A sòls nus.   **Widespread in trampled places.**

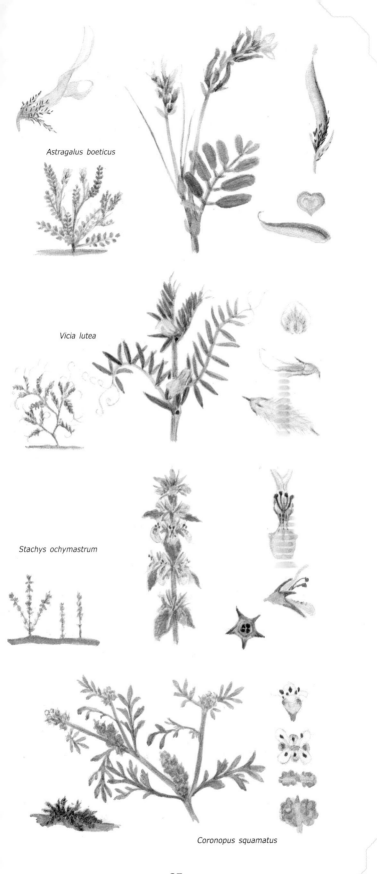

Astragalus boeticus

Vicia lutea

Stachys ochymastrum

Coronopus squamatus

Reseda alba
Resedaceae

ESPÈCIE / **SPECIES**
FAMÍLIA / **FAMILY**

NOM / **NAME**

Capironats

White Mignonette;
Upright Mignonette

FLORACIÓ / **FLOWERING TIME**

J	F	M	A	M	J	J	A	S	O	N	D

ALTURA 50–70 cm **HEIGHT**

DISTRIBUCIÓ I NOTES / **DISTRIBUTION AND NOTES**

Camí Principal;
Pont del Gran Canal;
Camí de Ses Puntes;
Camí des Senyals.

Main Drive;
Bridge over Gran Canal;
Camí de Ses Puntes;
Camí des Senyals.

Smilax aspera
Liliaceae

ESPÈCIE / **SPECIES**
FAMÍLIA / **FAMILY**

NOM / **NAME**

Aritja; Arínjol

Common Smilax

FLORACIÓ / **FLOWERING TIME**

J	F	M	A	M	J	J	A	S	O	N	D

ALTURA (s'enfila) <15 m (climber) **HEIGHT**

DISTRIBUCIÓ I NOTES / **DISTRIBUTION AND NOTES**

A la majoria de camins,
especialment al Camí Principal;
Camí d'Enmig.
Seves espines.
Flors oloroses.
S'enfila a les altres plantes.

Most tracks especially Main Drive;
Camí d'Enmig.
Very prickly.
Flowers sweetly scented.
Climbing over other plants.

Asparagus acutifolius
Liliaceae

ESPÈCIE / **SPECIES**
FAMÍLIA / **FAMILY**

NOM / **NAME**

Esparaguera fonollera;
Esparaguera de ca

FLORACIÓ / **FLOWERING TIME**

J	F	M	A	M	J	J	A	S	O	N	D

ALTURA <200 cm **HEIGHT**

DISTRIBUCIÓ I NOTES / **DISTRIBUTION AND NOTES**

Camí Principal;
Camí de Ses Puntes;
Camí d'Enmig.
Creix ressagada amb altres plantes.
Els espàrecs es menjen com a verdura.

Main Drive;
Camí de Ses Puntes;
Camí d'Enmig.
Straggles through other plants.
Young shoots are eaten as a vegetable.

Asparagus stipularis
Liliaceae

ESPÈCIE / **SPECIES**
FAMÍLIA / **FAMILY**

NOM / **NAME**

Esparaguera vera

FLORACIÓ / **FLOWERING TIME**

J	F	M	A	M	J	J	A	S	O	N	D

ALTURA <60 cm **HEIGHT**

DISTRIBUCIÓ I NOTES / **DISTRIBUTION AND NOTES**

Camí de Ses Puntes;
Proximitats de
Sa Roca.
Molt espinosa.

Camí de Ses Puntes;
Around Sa Roca.
Very spiny.

Asparagus albus
Liliaceae

ESPÈCIE / **SPECIES**
FAMÍLIA / **FAMILY**

NOM / **NAME**

Esparaguera d'ombra
de moix o de gat

FLORACIÓ / **FLOWERING TIME**

J	F	M	A	M	J	J	A	S	O	N	D

ALTURA 50–100 cm **HEIGHT**

DISTRIBUCIÓ I NOTES / **DISTRIBUTION AND NOTES**

Es Forcadet.

Es Forcadet.

Reseda alba

Smilax aspera

Asparagus acutifolius

Asparagus stipularis

Asparagus albus

Rubia peregrina
FAMÍLIA — Rubiaceae — FAMILY

NOM — **NAME**

Rotgeta; Raspeta — Wild Madder

FLORACIÓ — **FLOWERING TIME**

J	F	M	A	M	J	J	A	S	O	N	D

ALTURA (s'enfila) <4 m (climber) **HEIGHT**

DISTRIBUCIÓ I NOTES

**Per la majoria de camins,
enfilada a altres plantes.**
Tiges, tetràgones amb petits agullons.
Les arrels s'usaven per tenyir de rosa.

DISTRIBUTION AND NOTES

**Along most tracks,
climbing over other plants.**
Strong recurved prickles on square stem.
Roots were used to give pink-coloured dyes.

ESPÈCIE — ***Arum italicum*** — SPECIES
FAMÍLIA — Araceae — FAMILY

NOM — **NAME**

Rapa; Cugot — Large Cuckoo Pint;
Italian Arum

FLORACIÓ — **FLOWERING TIME**

J	F	M	A	M	J	J	A	S	O	N	D

ALTURA 20–30 cm **HEIGHT**

DISTRIBUCIÓ I NOTES

**Per la majoria de camins.
Camí d'Enmig;
Camí de Sa Siurana;
Camí des Senyals.**
Les arrels eren cuites es molien per fer un
substitut de l'arrurruz (fècula), una mica més
amarg, i també com midó.

DISTRIBUTION AND NOTES

**Along most tracks.
Camí d'Enmig;
Camí de Sa Siurana;
Camí des Senyals.**
Roots were baked and ground to give a
substitute for arrowroot, though rather bitter,
and also as domestic starch for ruffs etc.

ESPÈCIE — ***Ecballium elaterium*** — SPECIES
FAMÍLIA — Cucurbitaceae — FAMILY

NOM — **NAME**

Cogombre bord o salvatge — Squirting Cucumber

FLORACIÓ — **FLOWERING TIME**

J	F	M	A	M	J	J	A	S	O	N	D

ALTURA 20–30 cm **HEIGHT**

DISTRIBUCIÓ I NOTES

**Camí de Ses Puntes;
Prat, Ses Puntes;
Sa Roca, El turó d'Observació d'Ocells;
Camí des Senyals.**
Planta amb cerres.
Fruits explosius.
Usat per tractar el reuma, ripia i hidropesia.
El fruit conté un potent purgant.

DISTRIBUTION AND NOTES

**Camí de Ses Puntes;
Meadow, Ses Puntes;
Sa Roca, Bird Observation Mound;
Camí des Senyals.**
Fleshy, bristly plant.
Fruits explode violently.
Contents can irritate the skin.
Used to treat rheumatism, shingles and dropsy.
The fruit contains a violent purgative.

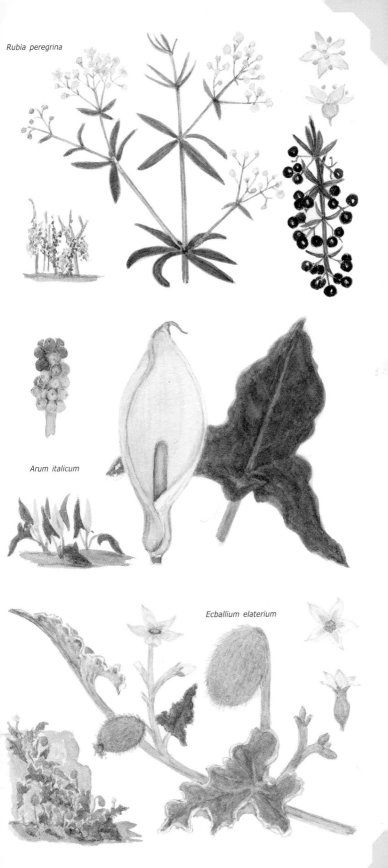

Rubia peregrina

Arum italicum

Ecballium elaterium

41

ESPÈCIE	*Reseda lutea*	SPECIES
FAMÍLIA	Resedaceae	FAMILY

NOM · NAME

Wild Mignonette

FLORACIÓ · FLOWERING TIME

| **J** | F | **M** | **A** | **M** | **J** | **J** | **A** | **S** | O | N | D |

ALTURA · HEIGHT

40–60 cm

DISTRIBUCIÓ I NOTES
Camí des Senyals.
S'usava per tenyir el cuir de groc.
Les plantes seques s'usaven per curar trastorns interns de les ovelles.

DISTRIBUTION AND NOTES
Camí des Senyals.
Infusions were used to dye leather yellow.
Dried plants were used to treat internal disorders in sheep.

ESPÈCIE	*Osyris alba*	SPECIES
FAMÍLIA	Santalaceae	FAMILY

NOM · NAME

Assots;
Ginesta de bolles vermelles

Osyris

FLORACIÓ · FLOWERING TIME

| **J** | F | **M** | **A** | **M** | **J** | **J** | **A** | **S** | O | N | D |

ALTURA · HEIGHT

50–150 cm

DISTRIBUCIÓ I NOTES
Malecó des Canal des Sol (Oest).

DISTRIBUTION AND NOTES
Malecó des Canal des Sol (West).

ESPÈCIE	*Foeniculum vulgare*	SPECIES
FAMÍLIA	Umbelliferae	FAMILY

NOM · NAME

Fonoll

Fennel

FLORACIÓ · FLOWERING TIME

| **J** | F | **M** | **A** | **M** | **J** | **J** | **A** | **S** | O | N | D |

ALTURA · HEIGHT

150–200 cm

DISTRIBUCIÓ I NOTES
A tots els camins excepte als més humits.
Aromatica.
Usat com a digestiu i diurètic.
Els fruits s'usen per condimentar.
Les fulles s'usen per cuinar peix.

DISTRIBUTION AND NOTES
Along all tracks except the wettest.
Aromatic.
Used as diuretic and assists digestion.
Fruits used as a condiment.
Leaves used when cooking fish or making Gravlax.

ESPÈCIE	*Artemisia caerulescens*	SPECIES
FAMÍLIA	Compositae	FAMILY

NOM · NAME

Donzell marí; Donzell bord

Wormwood

FLORACIÓ · FLOWERING TIME

| **J** | F | **M** | **A** | **M** | **J** | **J** | **A** | **S** | O | N | D |

ALTURA · HEIGHT

90–110 cm

DISTRIBUCIÓ I NOTES
Camí de Ses Puntes; Prat, Ses Puntes.
Aromatica.
Té molts d'usos medicinals, p.e. contra els cucs (d'aquí el seu nom anglès), per regular el bateg del cor, com a al·lucinogen ò afrodisíac i per fer absenta (beguda alcohòlica).

DISTRIBUTION AND NOTES
Camí de Ses Puntes; Meadow, Ses Puntes.
Aromatic.
This plant had many medicinal uses, e.g. worm dispellant, hence the name, also for regulating heart beat, as an hallucinogen, aphrodisiac and in 'absinthe'.

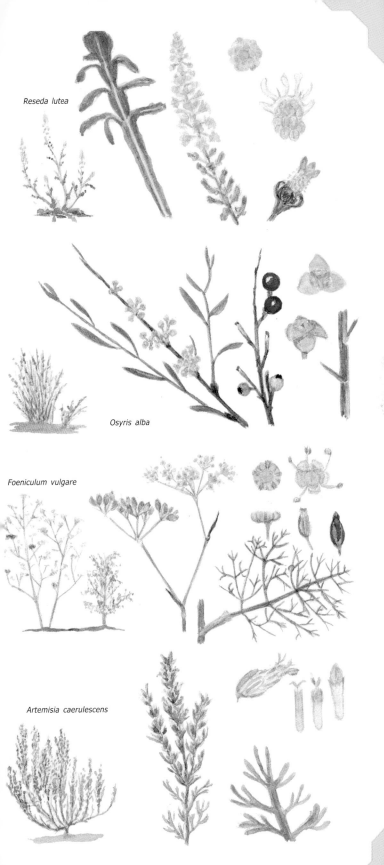

Reseda lutea

Osyris alba

Foeniculum vulgare

Artemisia caerulescens

43

Ajuga iva

ESPÈCIE												SPECIES
FAMÍLIA			Labiatae									FAMILY

NOM — Esquiva peluda — **NAME**

FLORACIÓ / **FLOWERING TIME**

J	F	M	A	M	J	J	A	S	O	N	D

ALTURA — 3–6 cm — **HEIGHT**

DISTRIBUCIÓ I NOTES
Es troba a sòls secs i arenasos.
Sa Roca, El turó d'Observació d'Ocells;
Camí de Ses Puntes;
Es Forcadet.
Coberta de suan pilositat blanca.
Les flors poden ser de color rosa o groc.

DISTRIBUTION AND NOTES
Occurs mainly in dry sandy places.
Sa Roca, Bird Observation Mound;
Camí de Ses Puntes;
Es Forcadet.
White woolly.
Flowers can be yellow or pink.

Fumana thymifolia

ESPÈCIE												SPECIES
FAMÍLIA			Cistaceae									FAMILY

NOM — Thyme-leaved Fumana — **NAME**

FLORACIÓ / **FLOWERING TIME**

J	F	M	A	M	J	J	A	S	O	N	D

ALTURA — 10–20 cm — **HEIGHT**

DISTRIBUCIÓ I NOTES
Sa Roca, El turó d'Observació d'Ocells.

DISTRIBUTION AND NOTES
Sa Roca, Bird Observation Mound.

Evax pygmaea

ESPÈCIE												SPECIES
FAMÍLIA			Compositae									FAMILY

NOM — **NAME**

FLORACIÓ / **FLOWERING TIME**

J	F	M	A	M	J	J	A	S	O	N	D

ALTURA — 1–3(4) cm — **HEIGHT**

DISTRIBUCIÓ I NOTES
Camí des Senyals.
Curiosa planta.

DISTRIBUTION AND NOTES
Camí des Senyals.
A curious plant.

Helichrysum stoechas

ESPÈCIE												SPECIES
FAMÍLIA			Compositae									FAMILY

NOM — Sempreviva; Flors de tot l'any; Ramell de Sant Ponç — **NAME**

FLORACIÓ / **FLOWERING TIME**

J	F	M	A	M	J	J	A	S	O	N	D

ALTURA — 10–50 cm — **HEIGHT**

DISTRIBUCIÓ I NOTES
Es troba a sòls secs.
Sa Roca, El turó d'Observació d'Ocells;
Camí des Senyals; Camí de Ses Puntes.
Coberta de suan pilositat blanca.
Si trencam les fulles desprenen un aroma
molt característic.

DISTRIBUTION AND NOTES
Occurs mainly in dry places.
Sa Roca, Bird Observation Mound;
Camí des Senyals;
Camí de Ses Puntes.
While woolly.
Leaves are aromatic when crushed.

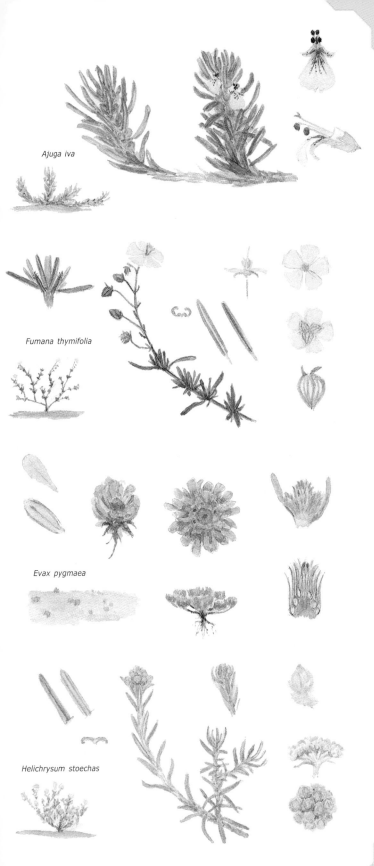

Ajuga iva

Fumana thymifolia

Evax pygmaea

Helichrysum stoechas

ESPÈCIE	*Rhaphanus raphanistrum*	SPECIES
FAMÍLIA	Cruciferae	FAMILY

NOM / NAME

Ravanissa blanca — Wild Radish

FLORACIÓ / FLOWERING TIME

| J | **F** | **M** | **A** | **M** | **J** | **J** | **A** | **S** | O | N | D |

ALTURA / HEIGHT

40–100 cm

DISTRIBUCIÓ I NOTES / DISTRIBUTION AND NOTES

Camí Principal; — Main Drive;
Entre la Recepció i el Museu; — Between Reception and Museum;
Camí des Senyals; — Camí des Senyals;
Prat, Ses Puntes. — Meadow, Ses Puntes.
Amb cerres. — Bristly.

ESPÈCIE	*Rapistrum rugosum*	SPECIES
FAMÍLIA	Cruciferae	FAMILY

NOM / NAME

Bergueret; Ravenell — Bastard Cabbage

FLORACIÓ / FLOWERING TIME

| **J** | **F** | **M** | **A** | **M** | **J** | **J** | **A** | **S** | O | N | D |

ALTURA / HEIGHT

50–125 cm

DISTRIBUCIÓ I NOTES / DISTRIBUTION AND NOTES

Camí Principal; — Main Drive;
Camí des Senyals; — Camí des Senyals;
Prat, Ses Puntes; — Meadow, Ses Puntes;
Es Forcadet. — Es Forcadet.

ESPÈCIE	*Sinapis arvensis*	SPECIES
FAMÍLIA	Cruciferae	FAMILY

NOM / NAME

Ravanissa groga — Charlock

FLORACIÓ / FLOWERING TIME

| **J** | **F** | **M** | **A** | **M** | **J** | **J** | **A** | **S** | O | N | D |

ALTURA / HEIGHT

30–60 cm

DISTRIBUCIÓ I NOTES / DISTRIBUTION AND NOTES

Sa Roca, El turó d'Observació d'Ocells; — Sa Roca, Bird Observation Mound;
Camí des Senyals; — Camí des Senyals;
Prat, Ses Puntes; — Meadow, Ses Puntes;
Es Forcadet. — Es Forcadet.

ESPÈCIE	*Sisymbrium officinale*	SPECIES
FAMÍLIA	Cruciferae	FAMILY

NOM / NAME

Eríssim; — Hedge Mustard
Herba dels cantors

FLORACIÓ / FLOWERING TIME

| **J** | **F** | **M** | **A** | **M** | **J** | **J** | **A** | **S** | O | N | D |

ALTURA / HEIGHT

90–110 cm

DISTRIBUCIÓ I NOTES / DISTRIBUTION AND NOTES

Entre la Recepció i el Museu; — Between Reception and Museum;
Sa Roca, El turó d'Observació d'Ocells; — Sa Roca, Bird Observation Mound;
Malecó des Canal des Sol; — Malecó des Canal des Sol;
Camí dels Polls. — Camí dels Polls.

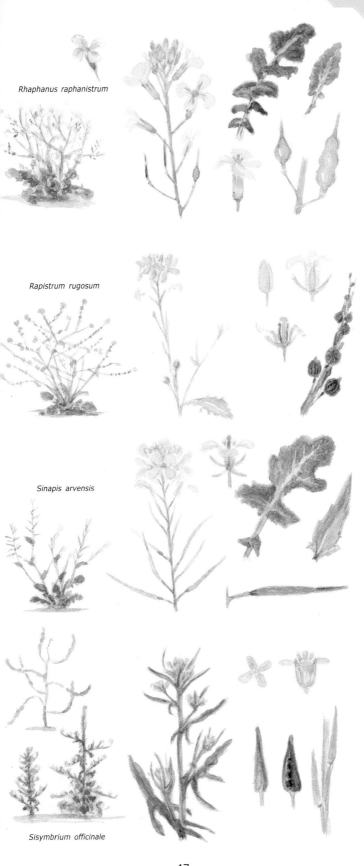

Rhaphanus raphanistrum

Rapistrum rugosum

Sinapis arvensis

Sisymbrium officinale

47

| ESPÈCIE | *Lathyrus annuus* | SPECIES |
| FAMÍLIA | Leguminosae | FAMILY |

| NOM | | NAME |
| Guixa borda | | Fodder Pea |

FLORACIÓ — FLOWERING TIME

| J | F | M | A | M | J | J | A | S | O | N | D |

ALTURA — (s'enfila) <150 cm (climber) — HEIGHT

DISTRIBUCIÓ I NOTES / DISTRIBUTION AND NOTES

Camí de Sa Siurana.
Tiges enfilelisses.
Les flors solen tenir la venació vermella.

Camí de Sa Siurana.
Clambering plant.
Flowers often have red veins.

| ESPÈCIE | *Lathyrus ochrus* | SPECIES |
| FAMÍLIA | Leguminosae | FAMILY |

| NOM | | NAME |
| Quixot | | |

FLORACIÓ — FLOWERING TIME

| J | F | M | A | M | J | J | A | S | O | N | D |

ALTURA — (s'enfila) <100 cm (climber) — HEIGHT

DISTRIBUCIÓ I NOTES / DISTRIBUTION AND NOTES

Sa Roca, entre el turó d'Observació d'Ocells i el Gran Canal.
Tija alalda.
Excepte a les "fulles" superiors. Les "fulles" (estípules) són amples, amb circells als extrems.
El pecíol té dues ales al llarg del marge superior.

Sa Roca, between Bird Observation Mound and Gran Canal.
Stem has wings.
"Leaves" are wide with tendrils at the ends.
The fruit (pod) has two wings along the upper edge.

| ESPÈCIE | *Lathyrus aphaca* | SPECIES |
| FAMÍLIA | Leguminosae | FAMILY |

| NOM | | NAME |
| Guixot; Tapissot | | Yellow Vetchling |

FLORACIÓ — FLOWERING TIME

| J | F | M | A | M | J | J | A | S | O | N | D |

ALTURA — (s'enfila) <100 cm (climber) — HEIGHT

DISTRIBUCIÓ I NOTES / DISTRIBUTION AND NOTES

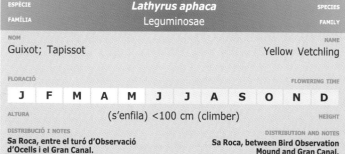

Sa Roca, entre el turó d'Observació d'Ocells i el Gran Canal.
Tiges enfilelisses
Té la tija angulosa.
Es "fulles" són petites i triangulars.

Sa Roca, between Bird Observation Mound and Gran Canal.
Clambering plant.
The stem is angled.
"Leaves" are small and triangular.

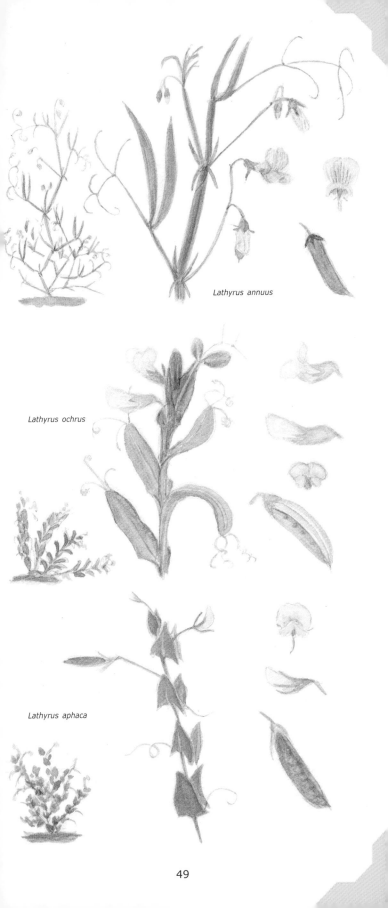

Lathyrus annuus

Lathyrus ochrus

Lathyrus aphaca

Medicago polymorpha

ESPÈCIE SPECIES

FAMÍLIA · Leguminosae · FAMILY

NOM / NAME

Trèvol de llapassa;
Trèvol de llapassó

Toothed Medick

FLORACIÓ / FLOWERING TIME

J	F	M	A	M	J	J	A	S	O	N	D

ALTURA · 10–40 cm · HEIGHT

DISTRIBUCIÓ I NOTES / DISTRIBUTION AND NOTES

Per tot arreu.
Camí Principal;
Camí de Ses Puntes;
Camí des Senyals.

Widespread.
Main Drive;
Camí de Ses Puntes;
Camí des Senyals.

Medicago littoralis

Leguminosae

NOM / NAME

Melgó litoral

Sea Medick

FLORACIÓ / FLOWERING TIME

J	F	M	A	M	J	J	A	S	O	N	D

ALTURA · 5–10 cm · HEIGHT

DISTRIBUCIÓ I NOTES / DISTRIBUTION AND NOTES

Camí des Senyals; Camí de Ses Puntes.
De legums ± espines.

Camí des Senyals; Camí de Ses Puntes.
Pod ± spines.

Medicago truncatula

Leguminosae

NOM / NAME

FLORACIÓ / FLOWERING TIME

J	F	M	A	M	J	J	A	S	O	N	D

ALTURA · 5–10 cm · HEIGHT

DISTRIBUCIÓ I NOTES / DISTRIBUTION AND NOTES

Camí des Senyals, extrem nord.

Camí des Senyals, north end.

Medicago minima

Leguminosae

NOM / NAME

Small Medick

FLORACIÓ / FLOWERING TIME

J	F	M	A	M	J	J	A	S	O	N	D

ALTURA · 5–15 cm · HEIGHT

DISTRIBUCIÓ I NOTES / DISTRIBUTION AND NOTES

Camí des Senyals.
Pubescent o piloso-tomentosa.

Camí des Senyals.
Densely hairy.

Trifolium campestre

Leguminosae

NOM / NAME

Trèvol

Hop Trefoil

FLORACIÓ / FLOWERING TIME

J	F	M	A	M	J	J	A	S	O	N	D

ALTURA · 10–20 cm · HEIGHT

DISTRIBUCIÓ I NOTES / DISTRIBUTION AND NOTES

Camí d'en Mig, prop del Pont Blau;
Camí de ses Puntes.

Camí d'en Mig, near Pont Blau;
Camí de ses Puntes.

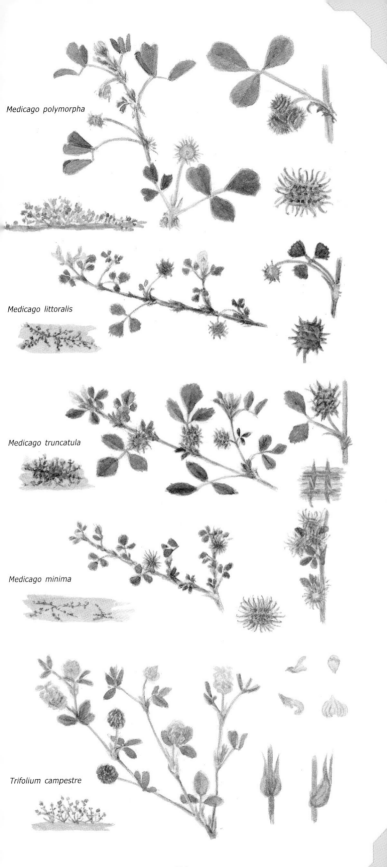

Medicago polymorpha

Medicago littoralis

Medicago truncatula

Medicago minima

Trifolium campestre

ESPÈCIE	*Melilotus indica*	SPECIES
FAMÍLIA	Leguminosae	FAMILY

NOM		NAME
Trèvol d'olor; Almegó indic		Small Melilot

FLORACIÓ — FLOWERING TIME

J F M A M J J A S O N D

ALTURA — 10–50 cm — HEIGHT

DISTRIBUCIÓ I NOTES	DISTRIBUTION AND NOTES
Es Colombars; Camí des Senyals; Camí dels Polls.	Es Colombars; Camí des Senyals; Camí dels Polls.

ESPÈCIE	*Melilotus messannensis*	SPECIES
FAMÍLIA	Leguminosae	FAMILY

NOM — NAME

FLORACIÓ — FLOWERING TIME

J F M A M J J A S O N D

ALTURA — 20–30 cm — HEIGHT

DISTRIBUCIÓ I NOTES	DISTRIBUTION AND NOTES
Camí de Ses Puntes; Prat, Ses Puntes; Camí dels Polls; Camí d'en Pep; Camí de Pujol; Es Colombars. Present a sòls salsbrosos inundats.	Camí de Ses Puntes; Meadow, Ses Puntes; Camí dels Polls; Camí d'en Pep; Camí de Pujol; Es Colombars. Usually occurs in brackish, marshy soil.

ESPÈCIE	*Melilotus segetalis*	
FAMÍLIA	Leguminosae	

NOM — NAME

FLORACIÓ — FLOWERING TIME

J F M A M J J A S O N D

ALTURA — 20–30 cm — HEIGHT

DISTRIBUCIÓ I NOTES	DISTRIBUTION AND NOTES
Camí de Ses Puntes; Prat, Ses Puntes; Camí d'Enmig.	Camí de Ses Puntes; Meadow, Ses Puntes; Camí d'Enmig.

Melilotus sulcata	SPECIES
Leguminosae	FAMILY

NOM	NAME
Trèvol de ramellets	Furrowed Melilot

FLORACIÓ — FLOWERING TIME

J F M A M J J A S O N D

ALTURA — 20–30 cm — HEIGHT

DISTRIBUCIÓ I NOTES	DISTRIBUTION AND NOTES
Prat, Ses Puntes; Camí de Pujol; Es Colombars; Es Forcadet.	Meadow, Ses Puntes; Camí de Pujol; Es Colombars; Es Forcadet.

Melilotus indica

Melilotus messannensis

Melilotus segetalis

Melilotus sulcata

| ESPÈCIE | *Lotus corniculatus* | SPECIES |
| FAMÍLIA | Leguminosae | FAMILY |

NOM	NAME
Corona de rei	Bird's-foot Trefoil

FLORACIÓ · FLOWERING TIME

| **J** | F | **M** | **A** | **M** | **J** | **J** | **A** | **S** | **O** | **N** | **D** |

ALTURA 5–35 cm HEIGHT

DISTRIBUCIÓ I NOTES · DISTRIBUTION AND NOTES

Per tot arreu. **Widespread.**

| ESPÈCIE | *Lotus cytisoides* | SPECIES |
| FAMÍLIA | Leguminosae | FAMILY |

NOM	NAME
Trèvol femella	Southern Bird's-foot Trefoil

FLORACIÓ · FLOWERING TIME

| **J** | F | **M** | **A** | **M** | **J** | **J** | **A** | **S** | **O** | **N** | **D** |

ALTURA 10–30 cm HEIGHT

DISTRIBUCIÓ I NOTES · DISTRIBUTION AND NOTES

Camí Principal; **Main Drive;**
Sa Roca, El turó d'Observació d'Ocells; **Sa Roca, Bird Observation Mound;**
Camí des Senyals; **Camí des Senyals;**
Camí de s'Illot. **Camí de s'Illot.**
D'un verd cendrós o blanquinós. Silvery hairy.

| ESPÈCIE | *Lotus ornithopodioides* | SPECIES |
| FAMÍLIA | Leguminosae | FAMILY |

NOM	NAME
"Peu d'ocell"	

FLORACIÓ · FLOWERING TIME

| **J** | F | **M** | **A** | **M** | **J** | **J** | **A** | **S** | **O** | **N** | **D** |

ALTURA 10–30 cm HEIGHT

DISTRIBUCIÓ I NOTES · DISTRIBUTION AND NOTES

A tots els camins, i sol estar tapat per **Along all tracks, and tends to straggle**
herbes més altes. **through long grass.**

| ESPÈCIE | *Lotus edulis* | SPECIES |
| FAMÍLIA | Leguminosae | FAMILY |

NOM	NAME
	Edible Pea

FLORACIÓ · FLOWERING TIME

| **J** | F | **M** | **A** | **M** | **J** | **J** | **A** | **S** | **O** | **N** | **D** |

ALTURA 10–20 cm HEIGHT

DISTRIBUCIÓ I NOTES · DISTRIBUTION AND NOTES

Camí de Ses Puntes; **Camí de Ses Puntes;**
Camí des Senyals. **Camí des Senyals.**
Antigament es recollia la llavor per menjar. Formerly seeds (peas) were gathered for eating.

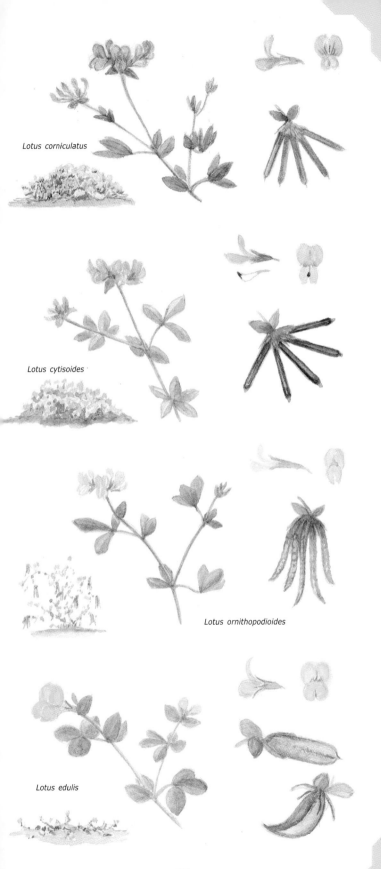

Lotus corniculatus

Lotus cytisoides

Lotus ornithopodioides

Lotus edulis

55

ESPÈCIE	*Scorpiurus muricatus*	SPECIES
FAMÍLIA	Leguminosae	FAMILY

NOM		NAME
Orella de llebre		Scorpiurus

FLORACIÓ   FLOWERING TIME

| J | **F** | **M** | **A** | **M** | J | J | **A** | **S** | O | N | D |

ALTURA   5–10(30) cm   HEIGHT

DISTRIBUCIÓ I NOTES
Prat, Ses Puntes.
Fruits característics.

DISTRIBUTION AND NOTES
Meadow, Ses Puntes.
Distinctive fruits.

ESPÈCIE	*Blackstonia perfoliata*	SPECIES
FAMÍLIA	Gentianaceae	FAMILY

NOM		NAME
Centaura groga		Yellow-wort

FLORACIÓ   FLOWERING TIME

| J | **F** | **M** | **A** | **M** | J | J | **A** | **S** | O | N | D |

ALTURA   20–35 cm   HEIGHT

DISTRIBUCIÓ I NOTES
Prat, Ses Puntes;
Camí des Senyals.

DISTRIBUTION AND NOTES
Meadow, Ses Puntes;
Camí des Senyals.

ESPÈCIE	*Parentucellia viscosa*	SPECIES
FAMÍLIA	Scrophulariaceae	FAMILY

NOM		NAME
		Yellow Bartsia

FLORACIÓ   FLOWERING TIME

| J | **F** | **M** | **A** | **M** | J | J | **A** | **S** | O | N | D |

ALTURA   20–40 cm   HEIGHT

DISTRIBUCIÓ I NOTES
Camí Principal;
Prat, Ses Puntes;
Es Colombars.

DISTRIBUTION AND NOTES
Main Drive;
Meadow, Ses Puntes;
Es Colombars.

ESPÈCIE	*Linum strictum*	SPECIES
FAMÍLIA	Linaceae	FAMILY

NOM		NAME
Llinet estricte		Upright Yellow Flax

FLORACIÓ   FLOWERING TIME

| J | **F** | **M** | **A** | **M** | J | J | **A** | **S** | O | N | D |

ALTURA   20–40 cm   HEIGHT

DISTRIBUCIÓ I NOTES
Camí de Ses Puntes;
Camí des Senyals.

DISTRIBUTION AND NOTES
Camí de Ses Puntes;
Camí des Senyals.

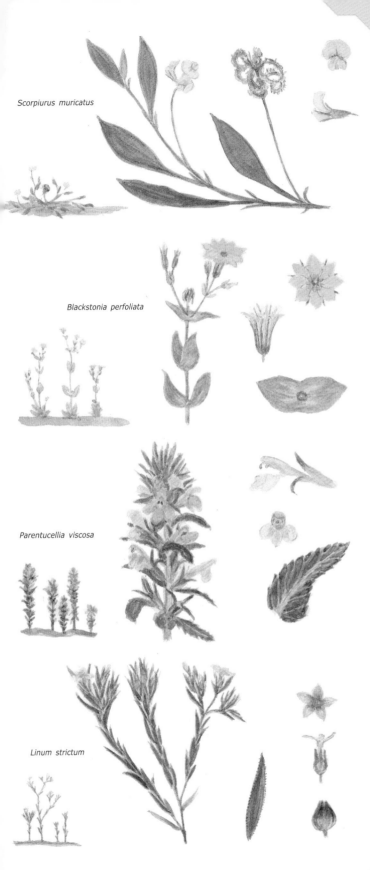

Scorpiurus muricatus

Blackstonia perfoliata

Parentucellia viscosa

Linum strictum

Potentilla reptans

ESPÈCIE	SPECIES
Potentilla reptans	
FAMÍLIA	FAMILY
Rosaceae	

NOM / **NAME**

Peu de Crist; Peu-Crist;
Cinc en rama; Gram negre

Creeping Cinquefoil

FLORACIÓ / **FLOWERING TIME**

J	F	M	A	M	J	J	A	S	O	N	D

ALTURA / **HEIGHT**

20–40 cm

DISTRIBUCIÓ I NOTES / **DISTRIBUTION AND NOTES**

A tots els camins.

Along all tracks.

Tribulus terrestris

Zygophyllaceae

NOM / **NAME**

Tribol; Candells

Small Caltrop;
Maltese Cross

FLORACIÓ / **FLOWERING TIME**

J	F	M	A	M	J	J	A	S	O	N	D

ALTURA / **HEIGHT**

<5 cm

DISTRIBUCIÓ I NOTES / **DISTRIBUTION AND NOTES**

Prat, Ses Puntes.
Fruit molt espinós.

Meadow, Ses Puntes.
Fruit is very spiny.

Diplotaxis muralis

Cruciferae

NOM / **NAME**

Annual Wall Rocket

FLORACIÓ / **FLOWERING TIME**

J	F	M	A	M	J	J	A	S	O	N	D

ALTURA / **HEIGHT**

10–60 cm

DISTRIBUCIÓ I NOTES / **DISTRIBUTION AND NOTES**

Dispers per la majoria de camins.
També apareix al Prat i Ses Puntes.
És la crucífera més comú al mes de febrer.

Scattered along most tracks, can usually
be seen in the Meadow, Ses Puntes.
This species is the most common Crucifer to
be seen in February.

Portulaca oleracea

Portulacaceae

NOM / **NAME**

Verdolaga

Purslane

FLORACIÓ / **FLOWERING TIME**

J	F	M	A	M	J	J	A	S	O	N	D

ALTURA / **HEIGHT**

5–10 cm

DISTRIBUCIÓ I NOTES / **DISTRIBUTION AND NOTES**

Camí dels Polls.
Abans s'usava com a sedant, diurètic,
i afrodisíac.

Camí dels Polls.
Formerly used as a sedative, diuretic
and aphrodisiac.

Potentilla reptans

Tribulus terrestris

Diplotaxis muralis

Portulaca oleracea

59

ESPÈCIE	*Oxalis pes-caprae*	SPECIES
FAMÍLIA	Oxalidaceae	FAMILY

NOM / NAME

Vinagrella; Fel-i-vinagre — Bermuda-buttercup

FLORACIÓ / FLOWERING TIME

J	F	M	A	M	J	J	A	S	O	N	D

ALTURA / HEIGHT

20–40 cm

DISTRIBUCIÓ I NOTES

**Camí Principal;
Camí des Senyals;
Camí dels Polls;
Es Forcadet;
Son San Joan.**
Espècie sudafricana.
Rebutjada pel bestiar.
VERINOSA.

DISTRIBUTION AND NOTES

**Main Drive;
Camí des Senyals;
Camí dels Polls;
Es Forcadet;
Son San Joan.**
A species from southern Africa.
Becoming abundant.
POISONOUS.

ESPÈCIE	*Oxalis corniculata*	SPECIES
FAMÍLIA	Oxalidaceae	FAMILY

NOM / NAME

Al·leluia — Procumbent Yellow-sorrel

FLORACIÓ / FLOWERING TIME

J	F	M	A	M	J	J	A	S	O	N	D

ALTURA / HEIGHT

5–10 cm

DISTRIBUCIÓ I NOTES

**Es Forcadet;
Camí dels Polls.**

DISTRIBUTION AND NOTES

**Es Forcadet;
Camí dels Polls.**

ESPÈCIE	*Ranunculus ficaria*	SPECIES
FAMÍLIA	Ranunculaceae	FAMILY

NOM / NAME

Celidònia; Gatassa — Lesser Celandine

FLORACIÓ / FLOWERING TIME

J	F	M	A	M	J	J	A	S	O	N	D

ALTURA / HEIGHT

10–15 cm

DISTRIBUCIÓ I NOTES

**Pont Blau;
Camí d'Enmig;
Es Forcadet.**

DISTRIBUTION AND NOTES

**Pont Blau;
Camí d'Enmig;
Es Forcadet.**

Oxalis pes-caprae

Oxalis corniculata

Ranunculus ficaria

Hypericum perforatum
Guttiferae

NOM / **NAME**

Tresflorina vera;
Herba de Sant Joan

Perforate St John's Wort

FLORACIÓ / **FLOWERING TIME**

J	F	M	A	M	J	J	A	S	O	N	D
				■	■	■	■				

ALTURA / **HEIGHT**

30–50(60) cm

DISTRIBUCIÓ I NOTES

Camí Principal;
Camí de Ses Puntes;
Camí d'Enmig.
S'usava per curar cremades i demés ferides.
Oli de Sant Joan.

DISTRIBUTION AND NOTES

Main Drive;
Camí de Ses Puntes;
Camí d'Enmig.
Burnt together with other herbs on
midsummer's day to protect crops from evil.
Sometimes used in poultices at present day
to heal burns and wounds.

Verbascum sinuatum
Scrophulariaceae

NOM / **NAME**

Trepó

Mullein

FLORACIÓ / **FLOWERING TIME**

J	F	M	A	M	J	J	A	S	O	N	D
					■	■	■	■			

ALTURA / **HEIGHT**

50–150 cm

DISTRIBUCIÓ I NOTES

Apareix per tots els camins, sobretot
als més secs.
Camí Principal;
Canal del costat de la paret del
Camí des Senyals;
Prat, Ses Puntes.
Molt pilosa.
Les arrels s'usaven per combatre la diarrea,
tant a persones com a animals.
Les fulles són verinoses pels peixos.

DISTRIBUTION AND NOTES

Occurs along the driest tracks.
Main Drive;
Aqueduct wall side of Camí des Senyals;
Meadow, Ses Puntes.
Grey or yellow woolly plant.
Preparation from the roots is used to
combat diarrhoea in both humans and animals.
Leaves can be used to poison fish.

Iris pseudacorus
Iridaceae

NOM / **NAME**

Coltell groc

Yellow Flag

FLORACIÓ / **FLOWERING TIME**

J	F	M	A	M	J	J	A	S	O	N	D
		■	■	■	■						

ALTURA / **HEIGHT**

80–100 cm

DISTRIBUCIÓ I NOTES

Es troba davant de la sala de vídeo del
Museu, al canal d'aigua corrent;
Camí dels Polls.
Les arrels contenen substàncies que s'usen
per fer perfums i cremes.

DISTRIBUTION AND NOTES

Outside video room at Museum,
in running water;
Camí dels Polls.
The roots contain substances which are used
in perfumery and in many emolient creams.

Hypericum perforatum

Verbascum sinuatum

Iris pseudacorus

63

ESPÈCIE
FAMÍLIA
NOM
FLORACIÓ
ALTURA
DISTRIBUCIÓ I NOTES

Ranunculus sardous
Ranunculaceae

SPECIES
FAMILY

NAME
Hairy Buttercup

FLOWERING TIME

J	F	M	A	M	J	J	A	S	O	N	D

40–60 cm

HEIGHT

Malecó des Canal des Sol;
Camí d'en Pujol.
Suaument pilós.

DISTRIBUTION AND NOTES
Malecó des Canal des Sol;
Camí d'en Pujol.
Softly hairy.

Ranunculus muricatus
Ranunculaceae

SPECIES
FAMILY

NAME
Rough-fruited Buttercup

FLOWERING TIME

J	F	M	A	M	J	J	A	S	O	N	D

20–40 cm

HEIGHT

Es sol veure al prat, Ses Puntes.
VERINÓSA, però s'usava per combatre
els refredats.

DISTRIBUTION AND NOTES
Can usually be seen in the Meadow,
Ses Puntes.
POISONOUS, but a tincture was used to
treat colds.

Ranunculus trilobus
Ranunculaceae

SPECIES
FAMILY

NAME

FLOWERING TIME

J	F	M	A	M	J	J	A	S	O	N	D

20–80 cm

HEIGHT

Malecó des Canal des Sol;
Camí d'en Pujol;
Camí de Sa Siurana.

DISTRIBUTION AND NOTES
Malecó des Canal des Sol;
Camí d'en Pujol;
Camí de Sa Siurana.

Ranunculus parviflorus
Ranunculaceae

SPECIES
FAMILY

NOM
Pèl de moix

NAME
Small-flowered
Buttercup

FLORACIÓ / FLOWERING TIME

J	F	M	A	M	J	J	A	S	O	N	D

20–30 cm

Prat, Ses Puntes.

DISTRIBUTION AND NOTES
Meadow, Ses Puntes.

Ranunculus sceleratus
Ranunculaceae

SPECIES
FAMILY

NOM

NAME
Celery-leaved
Buttercup

FLORACIÓ / FLOWERING TIME

J	F	M	A	M	J	J	A	S	O	N	D

30–60 cm

Camí dels Polls;
Camí de Pujol.

DISTRIBUTION AND NOTES
Camí dels Polls;
Camí de Pujol.

S'han registrat altres espècies de **Ranunculus**.

Other species of **Ranunculus** have been recorded.

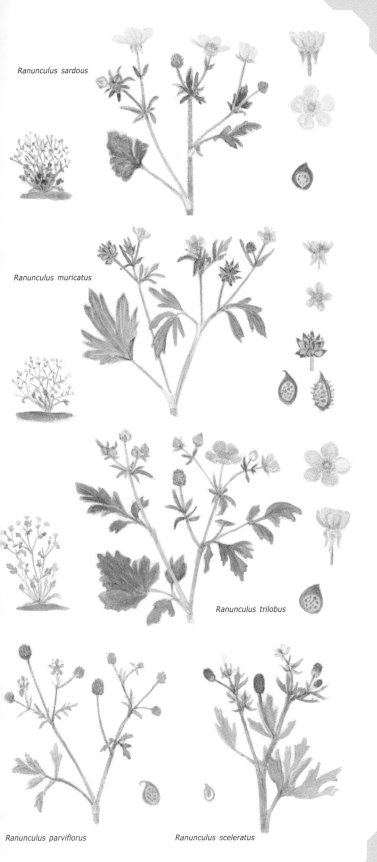

Ranunculus sardous

Ranunculus muricatus

Ranunculus trilobus

Ranunculus parviflorus

Ranunculus sceleratus

Sonchus tenerrimus

FAMÍLIA   Compositae   FAMILY

NOM   NAME

Lletsó petit;
Lletsó de cadernera

FLORACIÓ   FLOWERING TIME

J	F	M	A	M	J	J	A	S	O	N	D

ALTURA   40–60(80) cm   HEIGHT

DISTRIBUCIÓ I NOTES   DISTRIBUTION AND NOTES
A tots els camins.   **Along all tracks.**

ESPÈCIE

Sonchus asper

SPECIES

FAMÍLIA   Compositae   FAMILY

NOM   NAME

Lletsó punxós; Lletsó bord   Prickly Sow-thistle

FLORACIÓ   FLOWERING TIME

J	F	M	A	M	J	J	A	S	O	N	D

ALTURA   50–90(120) cm   HEIGHT

DISTRIBUCIÓ I NOTES   DISTRIBUTION AND NOTES
Per la majoria de camins.   **Along most tracks.**

ESPÈCIE

Sonchus oleraceus

SPECIES

FAMÍLIA   Compositae   FAMILY

NOM   NAME

Lletsó   Smooth Sow-thistle

FLORACIÓ   FLOWERING TIME

J	F	M	A	M	J	J	A	S	O	N	D

ALTURA   50–90 cm   HEIGHT

DISTRIBUCIÓ I NOTES   DISTRIBUTION AND NOTES
Per la majoria de camins.   **Along most tracks.**
S'ha menjat com a verdura.   Often eaten, boiled as a vegetable.
Segons Plini, Teseu va sopar d'un plat de   According to Pliny, Theseus dined off a
Sonchus oleraceus abans d'anar a matar el   dish of sow-thistle before going to kill the
Minotaure.   Minotaur.

ESPÈCIE

Sonchus maritimus

SPECIES

FAMÍLIA   Compositae   FAMILY

NOM   NAME

Lletsó d'aigua

FLORACIÓ   FLOWERING TIME

J	F	M	A	M	J	J	A	S	O	N	D

ALTURA   40–60(150) cm   HEIGHT

DISTRIBUCIÓ I NOTES   DISTRIBUTION AND NOTES
Voreres dels camins, prop de l'aigua;   **Tracksides, near water, edges of Marsh;**
Camí Principal;   **Main Drive;**
Camí de Ses Puntes;   **Camí de Ses Puntes;**
Camí des Senyals;   **Camí des Senyals;**
Camí de Pujol;   **Camí de Pujol;**
Malecó des Canal des Sol.   **Malecó des Canal des Sol.**

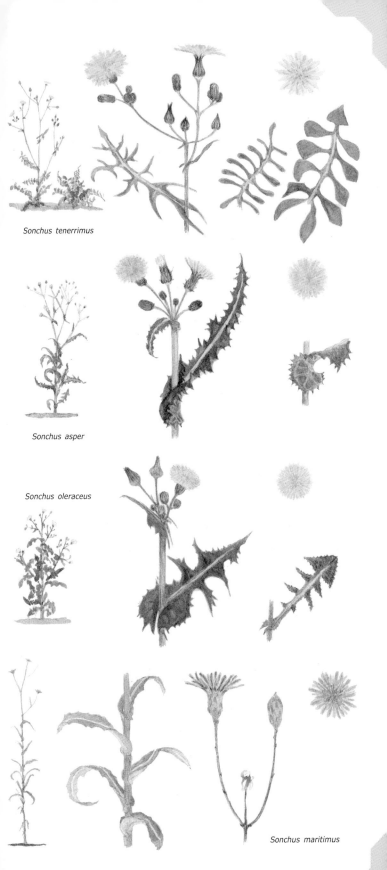

Sonchus tenerrimus

Sonchus asper

Sonchus oleraceus

Sonchus maritimus

67

| ESPÈCIE | *Hedypnois cretica* | SPECIES |
| FAMÍLIA | Compositae | FAMILY |

NOM	NAME
	Hedypnois

FLORACIÓ / FLOWERING TIME

J	F	M	A	M	J	J	A	S	O	N	D

ALTURA — 15–30 cm — HEIGHT

DISTRIBUCIÓ I NOTES — DISTRIBUTION AND NOTES

Camí des Senyals;
Es Forcadet.
Antigament s'usava pel mal alè.

Camí des Senyals;
Es Forcadet.
Used in ancient times to sweeten the breath.

| ESPÈCIE | *Hyoseris radiata* | SPECIES |
| FAMÍLIA | Compositae | FAMILY |

NOM	NAME
Queixal de vella	

FLORACIÓ / FLOWERING TIME

J	F	M	A	M	J	J	A	S	O	N	D

ALTURA — 15–30 cm — HEIGHT

DISTRIBUCIÓ I NOTES — DISTRIBUTION AND NOTES

Camí des Senyals;
Sa Roca, pont del Gran Canal;
Camí de Sa Siurana.

Camí des Senyals;
Sa Roca, bridge over Gran Canal;
Camí de Sa Siurana.

| ESPÈCIE | *Hypochoeris achyrophorus* | SPECIES |
| FAMÍLIA | Compositae | FAMILY |

NOM	NAME
	Mediterranean Cat's-ear

FLORACIÓ / FLOWERING TIME

J	F	M	A	M	J	J	A	S	O	N	D

ALTURA — 15–30 cm — HEIGHT

DISTRIBUCIÓ I NOTES — DISTRIBUTION AND NOTES

Camí des Senyals;
Es Forcadet.
Piloso-eriçada.

Camí des Senyals;
Es Forcadet.
Rough hairy.

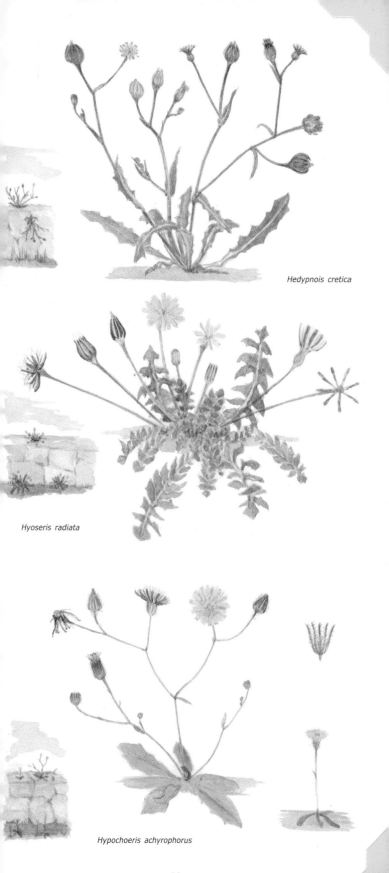

Hedypnois cretica

Hyoseris radiata

Hypochoeris achyrophorus

Reichardia picroides
ESPÈCIE / **SPECIES**
FAMÍLIA / **FAMILY**: Compositae

NOM / **NAME**: Cosconilla

FLORACIÓ / **FLOWERING TIME**

J	F	M	A	M	J	J	A	S	O	N	D

ALTURA / **HEIGHT**: 10–30 cm

DISTRIBUCIÓ I NOTES / **DISTRIBUTION AND NOTES**
Camí des Senyals;
Camí de Ses Puntes.

Reichardia tingitana
ESPÈCIE / **SPECIES**
FAMÍLIA / **FAMILY**: Compositae

NOM / **NAME**:

FLORACIÓ / **FLOWERING TIME**

J	F	M	A	M	J	J	A	S	O	N	D

ALTURA / **HEIGHT**: 10–30 cm

DISTRIBUCIÓ I NOTES / **DISTRIBUTION AND NOTES**
Camí des Senyals;
Camí de Ses Puntes, a les parets dels aqueductes;
Es Forcadet.

Urospermum picroides
ESPÈCIE / **SPECIES**
FAMÍLIA / **FAMILY**: Compositae

NOM / **NAME**: Morro de porc; Amargot; Cuixa de dona

FLORACIÓ / **FLOWERING TIME**

J	F	M	A	M	J	J	A	S	O	N	D

ALTURA / **HEIGHT**: 10–30 cm

DISTRIBUCIÓ I NOTES / **DISTRIBUTION AND NOTES**
Camí de Ses Puntes;
Es Forcadet.

Urospermum dalechampii
ESPÈCIE / **SPECIES**
FAMÍLIA / **FAMILY**: Compositae

NOM / **NAME**: Morro de porc; Amargot; Cuixa de dona — Urospermum

FLORACIÓ / **FLOWERING TIME**

J	F	M	A	M	J	J	A	S	O	N	D

ALTURA / **HEIGHT**: 10–30 cm

DISTRIBUCIÓ I NOTES / **DISTRIBUTION AND NOTES**
Camí de Ses Puntes;
Camí de Sa Siurana;
Es Forcadet.

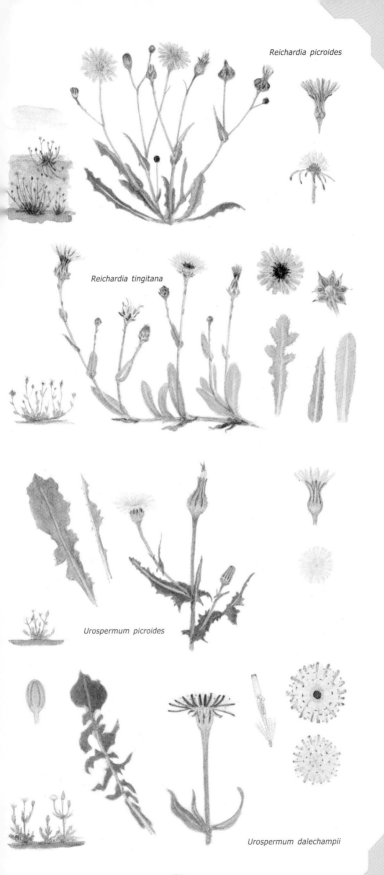

Reichardia picroides

Reichardia tingitana

Urospermum picroides

Urospermum dalechampii

71

Inula crithmoides
Compositae

ESPÈCIE / SPECIES
FAMÍLIA / FAMILY

NOM / NAME
Salsona — Golden Samphire

FLORACIÓ / FLOWERING TIME

J	F	M	A	M	J	J	A	S	O	N	D

ALTURA 50–90 cm HEIGHT

DISTRIBUCIÓ I NOTES
Camí des Senyals;
Camí de Ses Puntes.

DISTRIBUTION AND NOTES
Camí des Senyals;
Camí de Ses Puntes.

Dittrichia viscosa
Compositae

ESPÈCIE / SPECIES
FAMÍLIA / FAMILY

NOM / NAME
Olivarda — Aromatic Inula

FLORACIÓ / FLOWERING TIME

J	F	M	A	M	J	J	A	S	O	N	D

ALTURA 50–100 cm HEIGHT

DISTRIBUCIÓ I NOTES
A la majoria de camins, especialment al
Camí Principal;
Camí des Senyals;
Camí de Ses Puntes.

DISTRIBUTION AND NOTES
Most tracks, especially,
Main Drive;
Camí des Senyals;
Camí de Ses Puntes.

També s'ha registrat **Dittrichia graveolens.**   **Dittrichia graveolens** has also been recorded.

Pallenis spinosa
Compositae

ESPÈCIE / SPECIES
FAMÍLIA / FAMILY

NOM / NAME
Ull de bou; Pare i fill

FLORACIÓ / FLOWERING TIME

J	F	M	A	M	J	J	A	S	O	N	D

ALTURA 20–40 cm HEIGHT

DISTRIBUCIÓ I NOTES
Camí Principal;
Camí de Sa Siurana;
Es Colombars;
Camí des Senyals.

DISTRIBUTION AND NOTES
Main Drive;
Camí de Sa Siurana;
Es Colombars;
Camí des Senyals.

Picris echioides
Compositae

ESPÈCIE / SPECIES
FAMÍLIA / FAMILY

NOM / NAME
Arpellot; Arpella — Bristly Ox-tongue

FLORACIÓ / FLOWERING TIME

J	F	M	A	M	J	J	A	S	O	N	D

ALTURA 50–90 cm HEIGHT

DISTRIBUCIÓ I NOTES
A la majoria de camis, p.e., al Camí Principal;
Sa Roca, El turó d'Observació d'Ocells;
Malecó des Canal des Sol;
Camí de Ses Puntes;
Camí des Senyals.

DISTRIBUTION AND NOTES
Most tracks, e.g., Main Drive;
Sa Roca, Bird Observation Mound;
Malecó des Canal des Sol;
Camí de Ses Puntes;
Camí des Senyals.

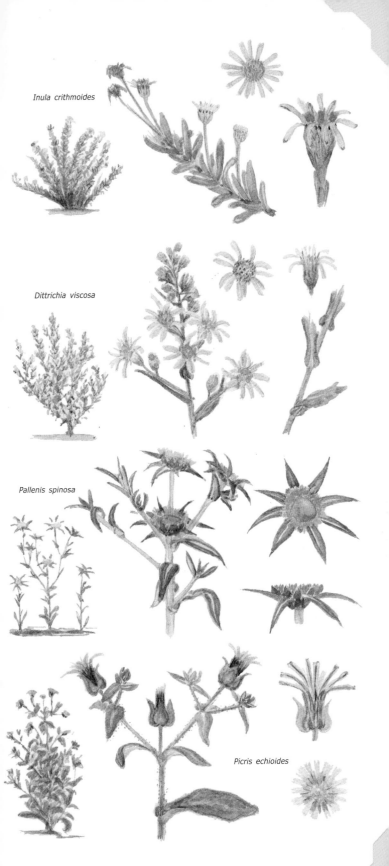

Inula crithmoides

Dittrichia viscosa

Pallenis spinosa

Picris echioides

73

Chrysanthemum coronarium

ESPÈCIE · SPECIES
FAMÍLIA · FAMILY

Compositae

NOM · NAME

Moixos; Margarides; Sordanaia; Bolitz

Crown Daisy

FLORACIÓ · FLOWERING TIME

J	F	M	A	M	J	J	A	S	O	N	D
		M	A	M	J		A	S	O		

ALTURA · HEIGHT

15–30 cm

DISTRIBUCIÓ I NOTES
Prat, Ses Puntes.
Té molts d'olis essencials.
Les flors en infusió s'utilitzaven contra els paràsits intestinals.
Les fulles i les tijes es bullien i menjaven com a verdura.

DISTRIBUTION AND NOTES
Meadow, Ses Puntes.
Rich in fragrant oils.
An infusion of the flowers was used as an antidote against intestinal parasites.
Leaves and stem were boiled and eaten as a vegetable.

Chrysanthemum segetum

ESPÈCIE · SPECIES
FAMÍLIA · FAMILY

Compositae

NOM · NAME

Margarides

Corn Marigold

FLORACIÓ · FLOWERING TIME

J	F	M	A	M	J	J	A	S	O	N	D
	F	M	A	M	J		A	S	O		

ALTURA · HEIGHT

10–20 cm

DISTRIBUCIÓ I NOTES
Prat, Ses Puntes.

DISTRIBUTION AND NOTES
Meadow, Ses Puntes.
In the 12th Century this was considered to be a pernicious weed and there were orders for its extinction because it rotted the hay if they were gathered together.

Calendula arvensis

ESPÈCIE · SPECIES
FAMÍLIA · FAMILY

Compositae

NOM · NAME

Llevamà; Camandula

Field Marigold; Pot Marigold

FLORACIÓ · FLOWERING TIME

J	F	M	A	M	J	J	A	S	O	N	D
J	F	M	A	M	J						D

ALTURA · HEIGHT

15–25 cm

DISTRIBUCIÓ I NOTES
Prat, Ses Puntes.
Les flors es poden menjar en les amanides.

DISTRIBUTION AND NOTES
Meadow, Ses Puntes.
Flowers can be eaten in salads.

Cotula coronopifolia

ESPÈCIE · SPECIES
FAMÍLIA · FAMILY

Compositae

NOM · NAME

Buttonweed

FLORACIÓ · FLOWERING TIME

J	F	M	A	M	J	J	A	S	O	N	D
J		M	A	M	J		A	S	O		

ALTURA · HEIGHT

10–20(30) cm

DISTRIBUCIÓ I NOTES
Bassa, Camí dels Polls.

DISTRIBUTION AND NOTES
Pond, Camí dels Polls.

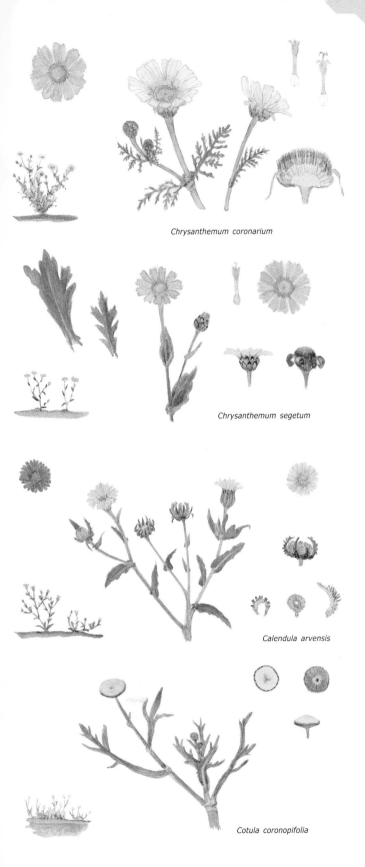

Chrysanthemum coronarium

Chrysanthemum segetum

Calendula arvensis

Cotula coronopifolia

Crepis vesicaria

ESPÈCIE / SPECIES: Crepis vesicaria
FAMÍLIA / FAMILY: Compositae

NOM / NAME: Cap roig; Caproll — Beaked Hawk's-beard

FLORACIÓ / FLOWERING TIME:

J	F	M	A	M	J	J	A	S	O	N	D
		M	A	M			A				

ALTURA / HEIGHT: 30–70 cm

DISTRIBUCIÓ I NOTES:
Camí Principal;
Sa Roca, El turó d'Observació d'Ocells;
Camí d'Enmig; Camí de Sa Siurana (oest);
Es Forcadet.

També s'ha registrat **Crepis foetida**

DISTRIBUTION AND NOTES:
Main Drive;
Sa Roca, Bird Observatuon Mound;
Camí d'Enmig; Camí de Sa Siurana (west);
Es Forcadet.

Crepis foetida has also been recorded

Aetheorhiza bulbosa

ESPÈCIE / SPECIES: Aetheorhiza bulbosa
FAMÍLIA / FAMILY: Compositae

NOM / NAME: Lleganyova; Calabruix

FLORACIÓ / FLOWERING TIME:

J	F	M	A	M	J	J	A	S	O	N	D
	F	M	A	M							

ALTURA / HEIGHT: 15–25 cm

DISTRIBUCIÓ I NOTES:
Camins amb molta d'herba a les voreres,
p.e., el Camí Principal.
Pradells, p.e., Camí des Senyals;
Camí de Ses Puntes.
Glàndules negres al final de la tija, just davall el capítol.

DISTRIBUTION AND NOTES:
Tracks with grass verges, e.g., Main Drive.
Grassy areas, e.g., Camí des Senyals;
Camí de Ses Puntes.
Black glands at top of stem, under flower head.

Scolymus hispanicus

ESPÈCIE / SPECIES: Scolymus hispanicus
FAMÍLIA / FAMILY: Compositae

NOM / NAME: Caderlina; Card de moro — Spanish Oyster Plant

FLORACIÓ / FLOWERING TIME:

J	F	M	A	M	J	J	A	S	O	N	D
					J	J	A				

ALTURA / HEIGHT: 50–80 cm

DISTRIBUCIÓ I NOTES:
Es Colombars;
Camí Principal;
Sa Roca, prop de l'aguait.

DISTRIBUTION AND NOTES:
Es Colombars;
Main Drive;
Sa Roca, near Bird Hide.

Carlina corymbosa

ESPÈCIE / SPECIES: Carlina corymbosa
FAMÍLIA / FAMILY: Compositae

NOM / NAME: Card negre; Card cigrell — Flat-topped Carline Thistle

FLORACIÓ / FLOWERING TIME:

J	F	M	A	M	J	J	A	S	O	N	D
					J	J	A				

ALTURA / HEIGHT: 10–30 cm

DISTRIBUCIÓ I NOTES:
Es Colombars;
Camí dels Polls.

DISTRIBUTION AND NOTES:
Es Colombars;
Camí dels Polls.

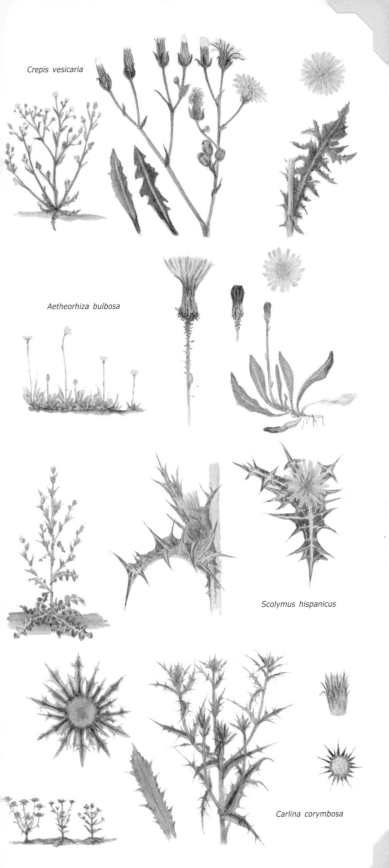

Crepis vesicaria

Aetheorhiza bulbosa

Scolymus hispanicus

Carlina corymbosa

77

ESPÈCIE	***Pulicaria odora***	SPECIES
FAMÍLIA	Compositae	FAMILY
NOM		NAME

FLORACIÓ / **FLOWERING TIME**

J	F	M	A	M	J	J	A	S	O	N	D

ALTURA — 20–80 cm — **HEIGHT**

DISTRIBUCIÓ I NOTES
Camí Principal;
Camí d'en Molinas;
Camí d'en Pep.
Una mescla de fulles de *Pulicaria* i *Chrysanthemum* en el sabo s'usava per repelis les puces.
Es penjaven ramells de *Pulicaria* que actuaven com a insecticida quan es cremaven.
Pulicaria està molt relacionada amb les espècies de les que s'extreu piretre (insecticida).

DISTRIBUTION AND NOTES
Main Drive;
Camí d'en Molinas;
Camí d'en Pep.
A combination of leaves of *Pulicaria* and *Chrysanthemum* with Carbolic soap was used to repel fleas.
Branches of *Pulicaria* were hung in a room or burned to act as a fumigant.
Pulicaria is closely related to the species which produces the chemical 'Pyrethrum'.

ESPÈCIE	***Pulicaria sicula***	SPECIES
FAMÍLIA	Compositae	FAMILY
NOM		NAME

FLORACIÓ / **FLOWERING TIME**

J	F	M	A	M	J	J	A	S	O	N	D

ALTURA — 40–50 cm — **HEIGHT**

DISTRIBUCIÓ I NOTES
Abundant al Prat, Ses Puntes.

DISTRIBUTION AND NOTES
Abundant in Meadow, Ses Puntes.

ESPÈCIE	***Senecio vulgaris***	SPECIES
FAMÍLIA	Compositae	FAMILY

NOM / **NAME**
Lletsó; Citró;
Flor d'onze mesos

Groundsel

FLORACIÓ / **FLOWERING TIME**

J	F	M	A	M	J	J	A	S	O	N	D

ALTURA — 2–30 cm — **HEIGHT**

DISTRIBUCIÓ I NOTES
A tots els camins.
Molt utilitzat com a menjar pels ocells domèstics.

DISTRIBUTION AND NOTES
Along all tracks.
Widely used as food for cage-birds.

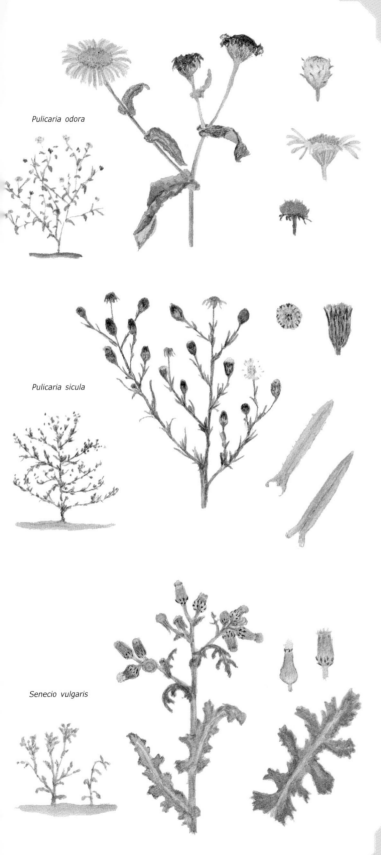

Pulicaria odora

Pulicaria sicula

Senecio vulgaris

79

Phagnalon saxatile

ESPÈCIE / **SPECIES**

FAMÍLIA / **FAMILY**: Compositae

NOM / **NAME**

Herba morenera;
Ullastre de frare

FLORACIÓ / **FLOWERING TIME**

J	F	M	A	M	J	J	A	S	O	N	D

ALTURA / **HEIGHT**: 15–25 cm

DISTRIBUCIÓ I NOTES

Apareix a les parets dels aqüeductes.
Camí Principal;
Camí des Senyals.
Un únic capítol al final d'una llarga tija.

DISTRIBUTION AND NOTES

Occurs on walls of aqueducts.
Main Drive;
Camí des Senyals.
Single flower head on a long stem.

Phagnalon sordidum

ESPÈCIE / **SPECIES**

FAMÍLIA / **FAMILY**: Compositae

NOM / **NAME**

Herba santa;
Herba arenera o morenera

FLORACIÓ / **FLOWERING TIME**

J	F	M	A	M	J	J	A	S	O	N	D

ALTURA / **HEIGHT**: 15–25 cm

DISTRIBUCIÓ I NOTES

Apareix majoritàriament a les parets
dels aqüeductes.
Camí Principal;
Camí des Senyals.
Varis capítols junts per tija.

DISTRIBUTION AND NOTES

Occurs mostly on walls of aqueducts.
Main Drive;
Camí des Senyals.
Several flowering heads in a cluster.

Phagnalon rupestre

ESPÈCIE / **SPECIES**

FAMÍLIA / **FAMILY**: Compositae

NOM / **NAME**

FLORACIÓ / **FLOWERING TIME**

J	F	M	A	M	J	J	A	S	O	N	D

ALTURA / **HEIGHT**: 20–30(50) cm

DISTRIBUCIÓ I NOTES

Apareix majoritàriament a les parets
dels aqüeductes.
Camí Principal;
Camí des Senyals.

DISTRIBUTION AND NOTES

Occurs mostly on walls of aqueducts.
Main Drive;
Camí des Senyals.

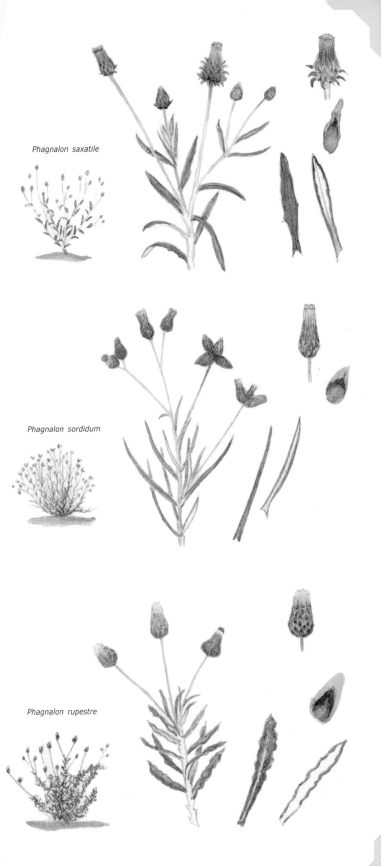

Phagnalon saxatile

Phagnalon sordidum

Phagnalon rupestre

81

Plantago lanceolata

ESPÈCIE | **Plantago lanceolata** | SPECIES
FAMÍLIA | Plantaginaceae

NOM / NAME
Herba de cinc nirvis — Ribwort
Herba de cinc venes — Plantain

FLORACIÓ / FLOWERING TIME
J F M A M J J A S O N D

ALTURA / HEIGHT
10–30(50) cm

DISTRIBUCIÓ I NOTES
Per tots els camins. Les fulles picades o capolades s'usaven per curare ferides i nafras. En forma de xarop s'usava per bronquitos.

DISTRIBUTION AND NOTES
Along all tracks. Crushed leaves cured sores and injuries. Syrup was used for respiratory ailments.

Plantago major

Plantago major | SPECIES
Plantaginaceae | FAMILY

NOM / NAME
Plantatge — Greater Plantain

FLORACIÓ / FLOWERING TIME
J F M A M J J A S O N D

ALTURA / HEIGHT
20–40(50) cm

DISTRIBUCIÓ I NOTES
Sa Roca; Malecó des Canal des Sol.

DISTRIBUTION AND NOTES
Sa Roca; Malecó des Canal des Sol. This species was one of the anglo-saxon '9 sacred herbs'

Plantago coronopus

ESPÈCIE | **Plantago coronopus** |
FAMÍLIA | Plantaginaceae

NOM / NAME
Herba d'aroees; — Buck's-horn
Banya de bou — Plantain

FLORACIÓ / FLOWERING TIME
J F M A M J J A S O N D

ALTURA / HEIGHT
10–15(30) cm

DISTRIBUCIÓ I NOTES
Per tots els camins. Aquesta herba en infusio s'usava per tractar tot tipus de pedres.

DISTRIBUTION AND NOTES
Along all tracks. An infusion of this plant was used to treat gallstones.

Plantago lagopus

Plantago lagopus | SPECIES
Plantaginaceae | FAMILY

NOM / NAME
Herba de cinc nirvis
Herba de cinc venes

FLORACIÓ / FLOWERING TIME
J F M A M J J A S O N D

ALTURA / HEIGHT
10–20 cm

DISTRIBUCIÓ I NOTES
En els marges de les basses i llacunes al sud de la recepio.

DISTRIBUTION AND NOTES
Edge of marsh, south side of reception.

Plantago crassifolia

ESPÈCIE | **Plantago crassifolia** |
FAMÍLIA | Plantaginaceae

NOM / NAME
Plantatge marí

FLORACIÓ / FLOWERING TIME
J F M A M J J A S O N D

ALTURA / HEIGHT
10–30 cm

DISTRIBUCIÓ I NOTES
Per la majoria de camins.

DISTRIBUTION AND NOTES
Along most tracks.

Plantago afra

Plantago afra | SPECIES
Plantaginaceae | FAMILY

NOM / NAME
Llavor de puça; — Branched
Herba de les puces — Plantain

FLORACIÓ / FLOWERING TIME
J F M A M J J A S O N D

ALTURA / HEIGHT
10–20 cm

DISTRIBUCIÓ I NOTES
Als voltants de Sa Roca; Camí d'Enmig.

DISTRIBUTION AND NOTES
Around Sa Roca; Camí d'Enmig.

Plantago albicans

ESPÈCIE | **Plantago albicans** |
FAMÍLIA | Plantaginaceae

NOM / NAME
Pa-eixut; — Silvery
Herba-fam — Plantain

FLORACIÓ / FLOWERING TIME
J F M A M J J A S O N D

ALTURA / HEIGHT
10–15 cm

DISTRIBUCIÓ I NOTES
Camí de Ses Puntes.

DISTRIBUTION AND NOTES
Camí de Ses Puntes.

Plantago bellardii

Plantago bellardii | SPECIES
Plantaginaceae | FAMILY

NOM / NAME

FLORACIÓ / FLOWERING TIME
J F M A M J J A S O N D

ALTURA / HEIGHT
2–10 cm

DISTRIBUCIÓ I NOTES
Camí de Ses Puntes.

DISTRIBUTION AND NOTES
Camí de Ses Puntes.

Les fulles de totes les espècies de *Plantago* contenen tanins i substanciesastringents que s'usaven com a aseptics mitjançant l'aplicacio de petites quantitats de fulla picada. Les fulles dels *Plantago* tambe es poden usar per tractar les picadures de les ortigues. Les seves tiges i fulles, rompudes suaument, conserven algunes fibres amb propietats lleugerament elastiques.

All plantain leaves contain tannins and astringent chemicals which, when the leaves are crushed, and applied in small quantities, make them useful as a styptic. Plantain leaves can also be used instead of dock leaves to relieve nettle stings. Stalks and leaves, when gently broken, retain a few fibres which are slightly elastic.

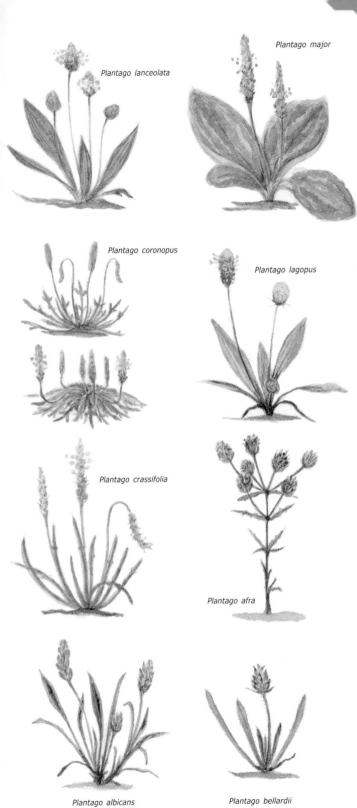

Plantago lanceolata

Plantago major

Plantago coronopus

Plantago lagopus

Plantago crassifolia

Plantago afra

Plantago albicans

Plantago bellardii

ESPÈCIE	***Euphorbia terracina***	SPECIES
FAMÍLIA	Euphorbiaceae	FAMILY
NOM		NAME

FLORACIÓ — FLOWERING TIME

| J | F | M | A | M | J | J | A | S | O | N | D |

ALTURA — 50–75 cm — HEIGHT

DISTRIBUCIÓ I NOTES
Apareix a tots els camins.
ALERTA – Les tiges tenen saba lletosa
(anomenada làtex) que irrita la pell.

DISTRIBUTION AND NOTES
Widespread, along all tracks.
BEWARE – All spurges have a milky sap
(called latex) which may irritate your skin.

ESPÈCIE	***Euphorbia pubescens***	SPECIES
FAMÍLIA	Euphorbiaceae	FAMILY
NOM		NAME

FLORACIÓ — FLOWERING TIME

| J | F | M | A | M | J | J | A | S | O | N | D |

ALTURA — 50–100 cm — HEIGHT

DISTRIBUCIÓ I NOTES
Malecó des Canal des Sol;
Camí dels Polls;
Sa Roca.
Usada antigament per pescar. Les tiges tallades
es tiraven a l'aigua i adormien els peixos, que
quedaven surant a la superfície.

DISTRIBUTION AND NOTES
Malecó des Canal des Sol;
Camí dels Polls;
Sa Roca.
Used in the past for catching sea-fish. Chopped
stems were thrown into the water sedating the
fish which then floated to the surface.

ESPÈCIE	***Euphorbia helioscopia***	SPECIES
FAMÍLIA	Euphorbiaceae	FAMILY
NOM		NAME
		Sun Spurge

FLORACIÓ — FLOWERING TIME

| J | F | M | A | M | J | J | A | S | O | N | D |

ALTURA — 50–80 cm — HEIGHT

DISTRIBUCIÓ I NOTES
Sa Roca;
Malecó des Canal des Sol.
La saba lletosa era usada per curar berrugues.
Es fregaven petites quantitats sobre el penis
com a estimulant.

DISTRIBUTION AND NOTES
Sa Roca;
Malecó des Canal des Sol.
Milky sap was used to cure warts.
Small quantities were rubbed onto a man's
penis as a stimulant.

ESPÈCIE	***Euphorbia serrata***	SPECIES
FAMÍLIA	Euphorbiaceae	FAMILY
NOM		NAME

FLORACIÓ — FLOWERING TIME

| J | F | M | A | M | J | J | A | S | O | N | D |

ALTURA — 5–15 cm — HEIGHT

DISTRIBUCIÓ I NOTES
Camp d'ordi, Ses Puntes;
Camí de s'Illot.
El suc és irritant pels ulls i perillós pels rumiants.
Els extractes s'usaven per netejar la sang.

DISTRIBUTION AND NOTES
Barley Field, Ses Puntes;
Camí de s'Illot.
Juice is said to be toxic to eyes and dangerous
to grazing animals.
Extracts were used to cleanse (purge) the blood,
hence the name 'spurge' from the French 'espurge'.

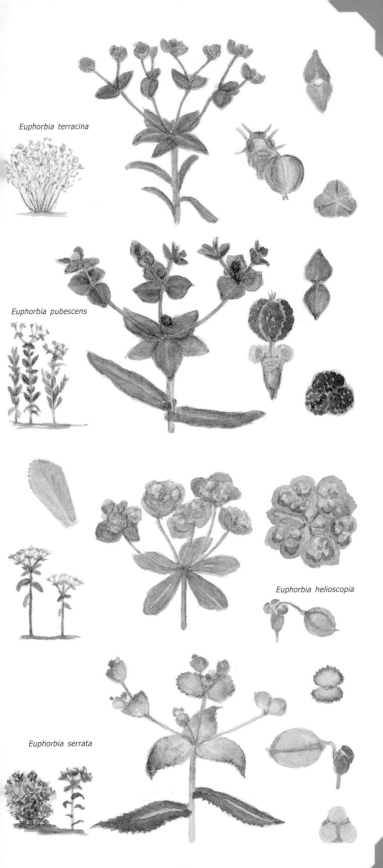

Euphorbia terracina

Euphorbia pubescens

Euphorbia helioscopia

Euphorbia serrata

85

Euphorbia peplus

ESPÈCIE		SPECIES
FAMÍLIA	Euphorbiaceae	FAMILY

NOM / NAME

Petty Spurge

FLORACIÓ / FLOWERING TIME

J	F	M	A	M	J	J	A	S	O	N	D

ALTURA 5–20(30) cm HEIGHT

DISTRIBUCIÓ I NOTES
Apareix per tots els camins.

DISTRIBUTION AND NOTES
Widespread, occurs along all tracks.

Euphorbia chamaesyce

ESPÈCIE		SPECIES
FAMÍLIA	Euphorbiaceae	FAMILY

NOM / NAME

FLORACIÓ / FLOWERING TIME

J	F	M	A	M	J	J	A	S	O	N	D

ALTURA <15 cm HEIGHT

DISTRIBUCIÓ I NOTES
Es Forcadet.

DISTRIBUTION AND NOTES
Es Forcadet.

Mercurialis annua

ESPÈCIE		SPECIES
FAMÍLIA	Euphorbiaceae	FAMILY

NOM / NAME

Malcoratge

Annual Mercury

FLORACIÓ / FLOWERING TIME

J	F	M	A	M	J	J	A	S	O	N	D

ALTURA <75 cm HEIGHT

DISTRIBUCIÓ I NOTES
**Per la majoria de camins, especialment,
Camí de Ses Puntes;
Prat, Ses Puntes;
Camí des Senyals.**
Da sapa no es lletosa.

DISTRIBUTION AND NOTES
**Along most tracks, especially,
Camí de Ses Puntes;
Meadow, Ses Puntes;
Camí des Senyals.**
The sap is not milky.

Sagina apetala

ESPÈCIE		SPECIES
FAMÍLIA	Caryophyllaceae	FAMILY

NOM / NAME

Annual Pearlwort

FLORACIÓ / FLOWERING TIME

J	F	M	A	M	J	J	A	S	O	N	D

ALTURA 5–15 cm HEIGHT

DISTRIBUCIÓ I NOTES
**Es Forcadet;
Camí dels Polls.**

DISTRIBUTION AND NOTES
**Es Forcadet;
Camí dels Polls.**

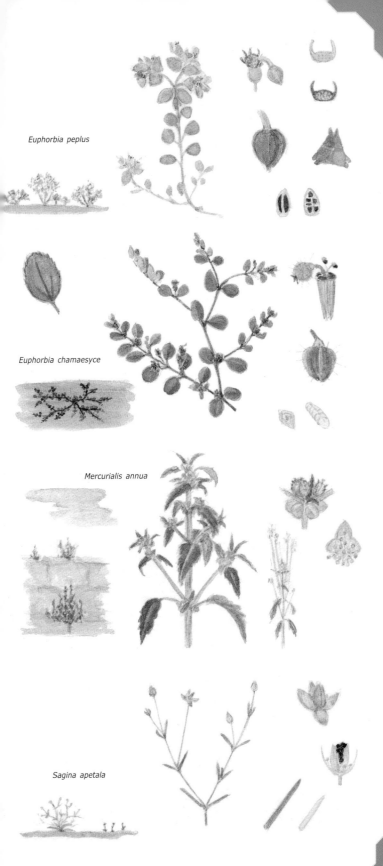

Euphorbia peplus

Euphorbia chamaesyce

Mercurialis annua

Sagina apetala

87

Amaranthus retroflexus
FAMÍLIA — Amaranthaceae

NOM — Blet — NAME — Amaranth

FLORACIÓ / FLOWERING TIME

J F M **A M J J A S O N D**

ALTURA — 20–90 cm — HEIGHT

DISTRIBUCIÓ I NOTES
Camí d'Enmig (extrem oest); Pont Blau; Es Forcadet; Camí dels Polls.

DISTRIBUTION AND NOTES
Camí d'Enmig (west end); Pont Blau; Es Forcadet; Camí dels Polls.

Amaranthus deflexus
SPECIES — Amaranthaceae — FAMILY

NOM — NAME

FLORACIÓ / FLOWERING TIME

J F M **A M J J A S O N D**

ALTURA — 20–60 cm — HEIGHT

DISTRIBUCIÓ I NOTES
Camí dels Polls.

DISTRIBUTION AND NOTES
Camí dels Polls.

Amaranthus blitoides
FAMÍLIA — Amaranthaceae — FAMILY

NOM — Blet — NAME — Pigweed

FLORACIÓ / FLOWERING TIME

J F M A M **J J A** S O N D

ALTURA — 10–60 cm — HEIGHT

DISTRIBUCIÓ I NOTES
Prat, Ses Puntes; Camí dels Polls.

DISTRIBUTION AND NOTES
Meadow, Ses Puntes; Camí dels Polls.

Coronopus didymus
FAMÍLIA — Cruciferae — FAMILY

NOM — Cervelina ménuda — NAME — Lesser Swine-cress

FLORACIÓ / FLOWERING TIME

J **F M A M J** J A S O N D

ALTURA — <5 cm — HEIGHT

DISTRIBUCIÓ I NOTES
A tot arreu. A sòls nus. Camí dels Polls.

DISTRIBUTION AND NOTES
Widespread on trampled areas. Camí dels Polls.

Herniaria hirsuta
FAMÍLIA — Caryophyllaceae

NOM — Trencapedre romproca; Pixosa — NAME — Hairy Rupturewort

FLORACIÓ / FLOWERING TIME

J F **M A M J** J A S O N D

ALTURA — 5 cm — HEIGHT

DISTRIBUCIÓ I NOTES
Entre la Recepció i el Museu; Pont del Gran Canal; Sa Roca, El turó d'Observació d'Ocells. S'utilitzava per tractar les hèrnies i les pedres al ronyó.

DISTRIBUTION AND NOTES
Between Reception and Museum; Bridge over Gran Canal; Sa Roca, Bird Observation Mound.

Valantia muralis
SPECIES — Rubiaceae — FAMILY

NOM — NAME

FLORACIÓ / FLOWERING TIME

J F **M A M J** J A S O N D

ALTURA — 3–5 cm — HEIGHT

DISTRIBUCIÓ I NOTES
A sobre de le parets del Camí des Senyals; Camí de Ses Puntes; Ses Puntes, a terra davall els pins.

DISTRIBUTION AND NOTES
Tops and sides of walls along Camí des Senyals; Camí de Ses Puntes; Ses Puntes, on ground under Pine trees.

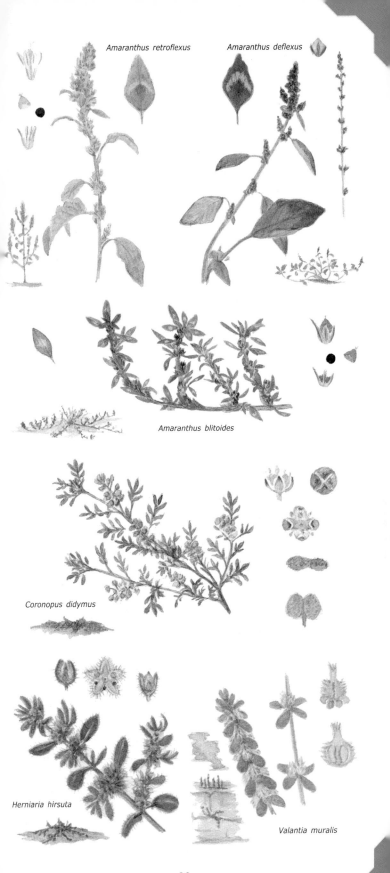

Amaranthus retroflexus

Amaranthus deflexus

Amaranthus blitoides

Coronopus didymus

Herniaria hirsuta

Valantia muralis

89

ESPÈCIE	***Chenopodium album***	SPECIES
FAMÍLIA	Chenopodiaceae	FAMILY

NOM / NAME
Blet blanc — **Fat-hen**

FLORACIÓ / FLOWERING TIME

| J | F | M | A | M | J | J | A | S | O | N | D |

ALTURA / HEIGHT
30–40 cm

DISTRIBUCIÓ I NOTES / DISTRIBUTION AND NOTES
**Camí de Sa Siurana;
Camí d'Enmig;
Es Forcadet;
Son San Joan.**

ESPÈCIE	***Chenopodium ambrosioides***	SPECIES
FAMÍLIA	Chenopodiaceae	FAMILY

NOM / NAME
Te bord

FLORACIÓ / FLOWERING TIME

| J | F | M | A | M | J | J | A | S | O | N | D |

ALTURA / HEIGHT
75–100 cm

DISTRIBUCIÓ I NOTES / DISTRIBUTION AND NOTES
**Sa Roca, defora de l'aguait
(Consell Insular).** — **Sa Roca, outside hide
(Consell Insular).**

ESPÈCIE	***Chenopodium murale***	SPECIES
FAMÍLIA	Chenopodiaceae	FAMILY

NOM / NAME
Bled de paret — **Nettle-leaved Goosefoot**

FLORACIÓ / FLOWERING TIME

| J | F | M | A | M | J | J | A | S | O | N | D |

ALTURA / HEIGHT
75–100 cm

DISTRIBUCIÓ I NOTES / DISTRIBUTION AND NOTES
**Prat, Ses Puntes;
Es Forcadet.** — **Meadow, Ses Puntes;
Es Forcadet.**

ESPÈCIE	***Atriplex hastata***	SPECIES
FAMÍLIA	Chenopodiaceae	FAMILY

NOM / NAME
Herba molla; Blet — **Spear-leaved Orache**

FLORACIÓ / FLOWERING TIME

| J | F | M | A | M | J | J | A | S | O | N | D |

ALTURA / HEIGHT
20–50 cm

DISTRIBUCIÓ I NOTES / DISTRIBUTION AND NOTES
**Camí d'Enmig;
Es Forcadet;
Prat, Ses Puntes.** — **Camí d'Enmig;
Es Forcadet;
Meadow, Ses Puntes.**

Chenopodium album

Chenopodium ambrosioides

Chenopodium murale

Atriplex hastata

Halimione portulacoides
Chenopodiaceae

ESPÈCIE / **SPECIES**
FAMÍLIA / **FAMILY**

NOM / **NAME**

Sea Purslane

FLORACIÓ / **FLOWERING TIME**

J	F	M	A	M	J	J	A	S	O	N	D

ALTURA / **HEIGHT**

30–50 cm

DISTRIBUCIÓ I NOTES / **DISTRIBUTION AND NOTES**

Es Colombars. / Es Colombars.

Suaeda vera
Chenopodiaceae

ESPÈCIE / **SPECIES**
FAMÍLIA / **FAMILY**

NOM / **NAME**

Salat ver

Shrubby Seablite

FLORACIÓ / **FLOWERING TIME**

J	F	M	A	M	J	J	A	S	O	N	D

ALTURA / **HEIGHT**

50–100 cm

DISTRIBUCIÓ I NOTES / **DISTRIBUTION AND NOTES**

Camí de Ses Puntes; Camí des Senyals; Es Colombars; Camí dels Polls. Molt relacionada amb espècies utilitzades per fer vidre. (Conté grans quantitats de sodi i potassi).

També s'ha registrat **Suaeda maritima**.

Camí de Ses Puntes; Camí des Senyals; Es Colombars; Camí dels Polls. Closely related to species used in making glass. (They contain high amounts of Sodium and Potassium).

Suaeda maritima has also been recorded.

Arthrocnemum macrostachyum
Chenopodiaceae

ESPÈCIE / **SPECIES**
FAMÍLIA / **FAMILY**

NOM / **NAME**

Ballaster;
Sosa dura

FLORACIÓ / **FLOWERING TIME**

J	F	M	A	M	J	J	A	S	O	N	D

ALTURA / **HEIGHT**

30–50 cm

DISTRIBUCIÓ I NOTES / **DISTRIBUTION AND NOTES**

Camí de Ses Puntes; Es Colombars; Es Cibollar.

També s'ha registrat **Salicornia ramosissima** (Herba salada; Pollet)

Camí de Ses Puntes; Es Colombars; Es Cibollar.

Salicornia ramosissima has also been recorded.

Salsola soda
Chenopodiaceae

ESPÈCIE / **SPECIES**
FAMÍLIA / **FAMILY**

NOM / **NAME**

Sosa barrella

FLORACIÓ / **FLOWERING TIME**

J	F	M	A	M	J	J	A	S	O	N	D

ALTURA / **HEIGHT**

5–15 cm

DISTRIBUCIÓ I NOTES / **DISTRIBUTION AND NOTES**

Es Cibollar. / Es Cibollar.

Salsola kali
Chenopodiaceae

ESPÈCIE / **SPECIES**
FAMÍLIA / **FAMILY**

NOM / **NAME**

Barrella

Prickly Saltwort

FLORACIÓ / **FLOWERING TIME**

J	F	M	A	M	J	J	A	S	O	N	D

ALTURA / **HEIGHT**

3–10 cm

DISTRIBUCIÓ I NOTES / **DISTRIBUTION AND NOTES**

Es Cibollar;
Camí de s'Illot.
Molt espinosa.

Es Cibollar;
Camí de s'Illot.
Very prickly.

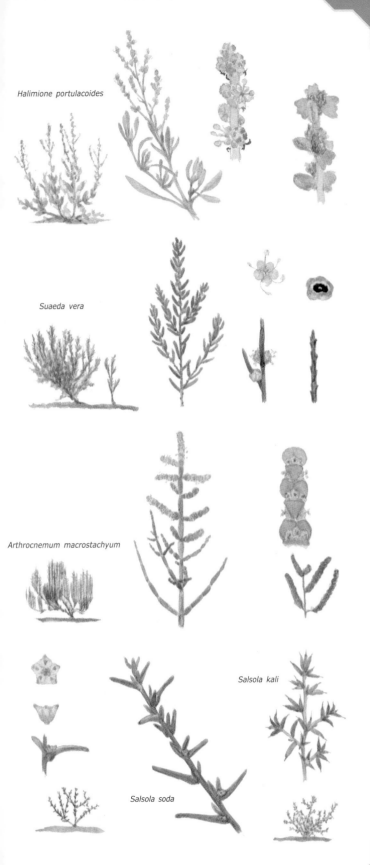

Halimione portulacoides

Suaeda vera

Arthrocnemum macrostachyum

Salsola kali

Salsola soda

Urtica dubia
Urticaceae

ESPÈCIE / SPECIES
FAMÍLIA / FAMILY

NOM — Ortiga
NAME — Nettle

FLORACIÓ / FLOWERING TIME

J F M A M J J A S O N D

ALTURA / HEIGHT — 50–90 cm

DISTRIBUCIÓ I NOTES
Entre la Recepció i el Museu;
Sa Roca, El turó d'Observació d'Ocells;
Camí des Senyals;
Camí de Ses Puntes;
Camí d'en Pep.
Es pot menjar crua amb les amanides,
cuinada com una verdura o dins sopa.
Les infusions s'utilitzaven per curar bòfegues
a la boca i aturar hemorràgies nasals.
S'usava per curar el reuma.

DISTRIBUTION AND NOTES
Between Reception and Museum;
Sa Roca, Bird Observation Mound;
Camí des Senyals;
Camí de Ses Puntes;
Camí d'en Pep.
Can be eaten raw in salads, cooked as a
vegetable or made into soup.
Infusions were used to cure mouth ulcers
and nose bleeds.
Flagellation with bunches of fresh nettles
was used to cure rheumatism.

Parietaria judaica
Urticaceae

ESPÈCIE / SPECIES
FAMÍLIA / FAMILY

NOM — Morella roquera
NAME — Pellitory-of-the-Wall

FLORACIÓ / FLOWERING TIME

J F M A M J J A S O N D

ALTURA / HEIGHT — 20–30(50) cm

DISTRIBUCIÓ I NOTES
Per la majoria de camins,
sobretot al Camí de Ses Puntes.
Les infusions s'usaven per curar les pedres de
ronyó i de bufeta; també per les inflamacions
de la pell.

DISTRIBUTION AND NOTES
Along most tracks,
especially Camí de Ses Puntes.
Infusions were used to cure kidney-stone and
bladder-stone; also for skin inflammations.

Beta vulgaris
Chenopodiaceae

ESPÈCIE / SPECIES
FAMÍLIA / FAMILY

NOM — Bleda borda
NAME — Sea Beet

FLORACIÓ / FLOWERING TIME

J F M A M J J A S O N D

ALTURA / HEIGHT — 60–100 cm

DISTRIBUCIÓ I NOTES
Camí Principal;
Malecó des Canal des Sol;
Camí des Senyals;
Camí de Ses Puntes;
Es Forcadet;
Camí d'en Pep.
L'espinac cultivat provè d'aquestes
espècies salvatges.
Es pot menjar com a verdura.

DISTRIBUTION AND NOTES
Main Drive;
Malecó des Canal des Sol;
Camí des Senyals;
Camí de Ses Puntes;
Es Forcadet;
Camí d'en Pep.
Wild species is the source of garden spinach.
Still, sometimes, eaten as a vegetable.

Urtica dubia

Parietaria judaica

Beta vulgaris

ESPÈCIE	*Rumex conglomeratus*	SPECIES
FAMÍLIA	Polygonaceae	FAMILY

NOM / NAME

Paradella — Sharp Dock

FLORACIÓ / FLOWERING TIME

J	F	M	A	M	J	J	A	S	O	N	D

ALTURA: 40–100 cm — HEIGHT

DISTRIBUCIÓ I NOTES
A tots els camins.
Les fulles s'utilitzen com a antídot per les picadures d'ortiga, però no és tan efectiu com *Rumex crispus*.

DISTRIBUTION AND NOTES
Along all tracks.
Leaves are used as an antidote to nettle stings, but not as efficient as *Rumex crispus*.

ESPÈCIE	*Rumex crispus*	SPECIES
FAMÍLIA	Polygonaceae	FAMILY

NOM / NAME

Paradella crespa;
Remeneguera — Curled Dock

FLORACIÓ / FLOWERING TIME

J	F	M	A	M	J	J	A	S	O	N	D

ALTURA: 50–90 cm — HEIGHT

DISTRIBUCIÓ I NOTES
Per tot arreu, principalment al Malecó des Canal des Sol; Prat, Ses Puntes.
Les fulles són un bon antídot contra les picadures d'ortiga.

DISTRIBUTION AND NOTES
Widespread, especially Malecó des Canal des Sol; Meadow, Ses Puntes.
Leaves are a good antidote to nettle stings.

ESPÈCIE	*Rumex bucephalophorus*	SPECIES
FAMÍLIA	Polygonaceae	FAMILY

NOM / NAME

Vinagrella borda — Horned Dock

FLORACIÓ / FLOWERING TIME

J	F	M	A	M	J	J	A	S	O	N	D

ALTURA: 5–10(15) cm — HEIGHT

DISTRIBUCIÓ I NOTES
Camí de Ses Puntes; Prat, Ses Puntes; Camí des Senyals.

DISTRIBUTION AND NOTES
Camí de Ses Puntes; Meadow, Ses Puntes; Camí des Senyals.

ESPÈCIE	*Sanguisorba minor*	SPECIES
FAMÍLIA	Rosaceae	FAMILY

NOM / NAME

Petinel·la;
Pimpinella petita — Salad Burnet

FLORACIÓ / FLOWERING TIME

J	F	M	A	M	J	J	A	S	O	N	D

ALTURA: 20–80 cm — HEIGHT

DISTRIBUCIÓ I NOTES
Camí Principal; Camí d'Enmig; Es Forcadet; Camí dels Polls.
Les flors s'usaven per aturar les hemorràgies, i les fulles es menjaven com a verdura.

DISTRIBUTION AND NOTES
Main Drive; Camí d'Enmig; Es Forcadet; Camí dels Polls.
Flowers were used to stop bleeding and leaves were eaten as a vegetable.

Rumex conglomeratus

Rumex crispus

Rumex bucephalophorus

Sanguisorba minor

Hedysarum coronarium

ESPÈCIE	SPECIES
Hedysarum coronarium	
FAMÍLIA — Leguminosae	FAMILY

NOM / NAME

Coronada; Sulla; Anclova;
Clòver bord; Encòver

French Honeysuckle

FLORACIÓ / FLOWERING TIME

J	F	M	A	M	J	J	A	S	O	N	D

ALTURA / HEIGHT

30–100 cm

DISTRIBUCIÓ I NOTES / DISTRIBUTION AND NOTES

Prat, Ses Puntes. — Meadow, Ses Puntes.

Rumex bucephalophorus

ESPÈCIE	SPECIES
Rumex bucephalophorus	
FAMÍLIA — Polygonaceae	FAMILY

NOM / NAME

Vinagrella borda

Horned Dock

FLORACIÓ / FLOWERING TIME

J	F	M	A	M	J	J	A	S	O	N	D

ALTURA / HEIGHT

5–10(15) cm

DISTRIBUCIÓ I NOTES / DISTRIBUTION AND NOTES

Camí de Ses Puntes;
Meadow, Ses Puntes;
Camí des Senyals.

Camí de Ses Puntes;
Meadow, Ses Puntes;
Camí des Senyals.

Sanguisorba minor

ESPÈCIE	SPECIES
Sanguisorba minor	
FAMÍLIA — Rosaceae	FAMILY

NOM / NAME

Petinel·la;
Pimpinella petita

Salad Burnet

FLORACIÓ / FLOWERING TIME

J	F	M	A	M	J	J	A	S	O	N	D

ALTURA / HEIGHT

20–80 cm

DISTRIBUCIÓ I NOTES / DISTRIBUTION AND NOTES

Camí Principal;
Camí d'Enmig;
Es Forcadet;
Camí dels Polls.
Les flors s'usaven per aturar les hemorràgies,
i les fulles es menjaven com a verdura.

Main Drive;
Camí d'Enmig;
Es Forcadet;
Camí dels Polls.
Flowers were used to stop bleeding
and leaves were eaten as a vegetable.

Anagallis arvensis

ESPÈCIE	SPECIES
Anagallis arvensis	
FAMÍLIA — Primulaceae	FAMILY

NOM / NAME

Morrons anagalis

Scarlet (Blue) Pimpernel,
Poor-man's Weatherglass

FLORACIÓ / FLOWERING TIME

J	F	M	A	M	J	J	A	S	O	N	D

ALTURA / HEIGHT

5–10 cm

DISTRIBUCIÓ I NOTES / DISTRIBUTION AND NOTES

Apareix a la majoria de camins.
Les flors s'obren quan surt el sol.
Les flors poden ser blau, *veure pàgina 142.*

Widespread, occurs along most tracks.
Flowers open in sunshine.
Flowers may also be blue, *see page 142.*

Hedysarum coronarium

Rumex bucephalophorus

Sanguisorba minor

Anagallis arvensis

Papaver rhoeas
ESPÈCIE / SPECIES

FAMÍLIA / FAMILY: Papaveraceae

NOM / NAME: Rosella; Roella — Common Poppy

FLORACIÓ / FLOWERING TIME:

J	F	M	A	M	J	J	A	S	O	N	D

ALTURA / HEIGHT: 25–35(45) cm

DISTRIBUCIÓ I NOTES / DISTRIBUTION AND NOTES:
Camí d'Enmig; Prat, Ses Puntes; Camí d'en Pep.
El vermell dels pètals és variable.
Camí d'Enmig; Meadow, Ses Puntes; Camí d'en Pep.
Variation in the 'redness' of the petals.

Papaver dubium
ESPÈCIE / SPECIES

FAMÍLIA / FAMILY: Papaveraceae

NOM / NAME: Long-headed Poppy

FLORACIÓ / FLOWERING TIME:

J	F	M	A	M	J	J	A	S	O	N	D

ALTURA / HEIGHT: 25–35(40) cm

DISTRIBUCIÓ I NOTES / DISTRIBUTION AND NOTES:
Prat, Ses Puntes; Camí dels Polls.
Meadow, Ses Puntes; Camí dels Polls.

Papaver pinnatifidum
ESPÈCIE / SPECIES

FAMÍLIA / FAMILY: Papaveraceae

NOM / NAME:

FLORACIÓ / FLOWERING TIME:

J	F	M	A	M	J	J	A	S	O	N	D

ALTURA / HEIGHT: 25–35(45) cm

DISTRIBUCIÓ I NOTES / DISTRIBUTION AND NOTES:
Prat, Ses Puntes; Camí dels Polls.
Meadow, Ses Puntes; Camí dels Polls.

Papaver hybridum
ESPÈCIE / SPECIES

FAMÍLIA / FAMILY: Papaveraceae

NOM / NAME: Rough Poppy

FLORACIÓ / FLOWERING TIME:

J	F	M	A	M	J	J	A	S	O	N	D

ALTURA / HEIGHT: 15–25 cm

DISTRIBUCIÓ I NOTES / DISTRIBUTION AND NOTES:
Prat, Ses Puntes; Camí dels Polls.
Meadow, Ses Puntes; Camí dels Polls.

Papaver argemone
ESPÈCIE / SPECIES

FAMÍLIA / FAMILY: Papaveraceae

NOM / NAME: Prickly Poppy

FLORACIÓ / FLOWERING TIME:

J	F	M	A	M	J	J	A	S	O	N	D

ALTURA / HEIGHT: 25–35 cm

DISTRIBUCIÓ I NOTES / DISTRIBUTION AND NOTES:
Camí d'en Pep; Prat, Ses Puntes; Camí d'Enmig.
Camí d'en Pep; Meadow, Ses Puntes; Camí d'Enmig.

Les roselles han estat un emblema de la sang i la nova vida des del temps dels egipcis. Les llavors s'han trobat juntament amb la civada a tombes del 2500 a.C. També es creia que si no es recullia no plovia.

Poppies have been an emblem of blood and new life since Egyptian times. Poppy seeds were found with barley in tombs of 2500BC. Also thought that if they are not picked it will not rain.

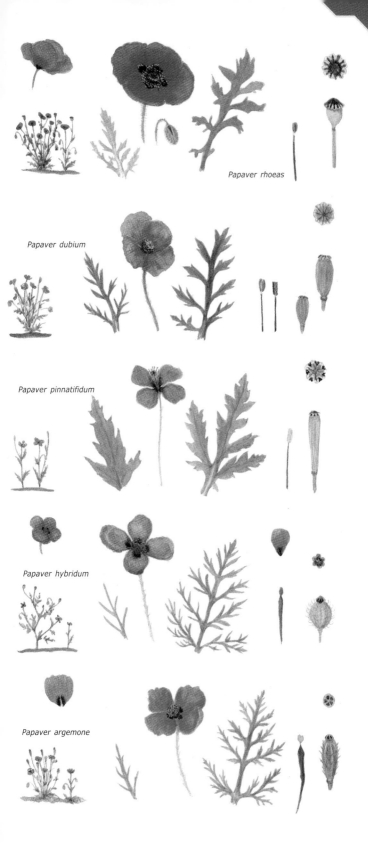

Papaver rhoeas

Papaver dubium

Papaver pinnatifidum

Papaver hybridum

Papaver argemone

101

Gladiolus illyricus

ESPÈCIE		SPECIES
FAMÍLIA — Iridaceae		FAMILY

NOM / NAME

Espaseta; Rossinyol

FLORACIÓ / FLOWERING TIME

J	F	M	A	M	J	J	A	S	O	N	D
		■	■	■	■						

ALTURA — 20–30(40) cm — HEIGHT

DISTRIBUCIÓ I NOTES / DISTRIBUTION AND NOTES

Camí Principal; — Main Drive;
Camí des Senyals; — Camí des Senyals;
Camí d'Enmig. — Camí d'Enmig.

Epilobium hirsutum

ESPÈCIE		SPECIES
FAMÍLIA — Onagraceae		FAMILY

NOM / NAME

Mata jaia; Epilobi; — Great Willowherb
Niella de rec

FLORACIÓ / FLOWERING TIME

J	F	M	A	M	J	J	A	S	O	N	D
					■	■	■				

ALTURA — 100–200 cm — HEIGHT

DISTRIBUCIÓ I NOTES / DISTRIBUTION AND NOTES

Camí dels Polls, a la vorera del canal, — Camí dels Polls, edge of canal,
amb els *Phragmites*; — with *Phragmites*;
Son San Joan, — Son San Joan,
entre els *Phragmites*. — among *Phragmites*.

Lythrum junceum

ESPÈCIE		SPECIES
FAMÍLIA — Lythraceae		FAMILY

NOM / NAME

Blavet — Loosestrife

FLORACIÓ / FLOWERING TIME

J	F	M	A	M	J	J	A	S	O	N	D
			■	■	■	■	■	■			

ALTURA — 10–20(40) cm — HEIGHT

DISTRIBUCIÓ I NOTES / DISTRIBUTION AND NOTES

Malecó des Canal des Sol; — Malecó des Canal des Sol;
Camí dels Polls; — Camí dels Polls;
Camí d'en Pep; — Camí d'en Pep;
Camí de Pujol. — Camí de Pujol.

Silene rubella

ESPÈCIE		SPECIES
FAMÍLIA — Caryophyllaceae		FAMILY

NOM / NAME

FLORACIÓ / FLOWERING TIME

J	F	M	A	M	J	J	A	S	O	N	D
	■	■	■	■							

ALTURA — 15–30 cm — HEIGHT

DISTRIBUCIÓ I NOTES / DISTRIBUTION AND NOTES

Malecó des Canal des Sol; — Malecó des Canal des Sol;
Camí d'Enmig. — Camí d'Enmig.

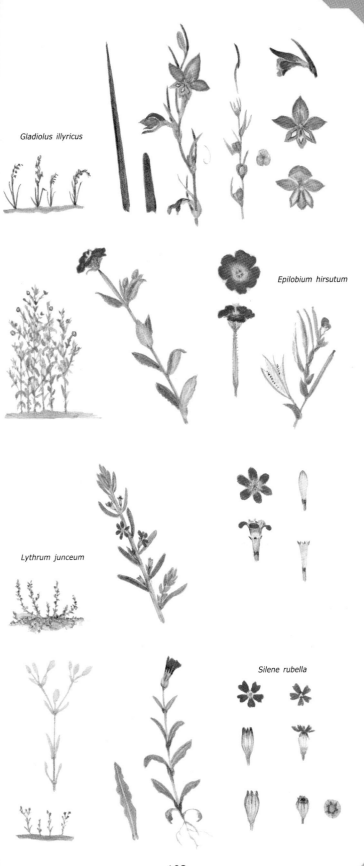

Gladiolus illyricus

Epilobium hirsutum

Lythrum junceum

Silene rubella

103

ESPÈCIE	*Erodium malacoides*	SPECIES
FAMÍLIA	Geraniaceae	FAMILY

NOM / NAME

Rellotges; Agulleta; Forquilles; Bec de cigonya

Soft-leaved Stork's-bill; Mallow-leaved Stork's-bill

FLORACIÓ / FLOWERING TIME

J	F	M	A	M	J	J	A	S	O	N	D

ALTURA 10–30 cm HEIGHT

DISTRIBUCIÓ I NOTES / DISTRIBUTION AND NOTES

Entre la Recepció i el Museu;
Camí des Senyals;
Camí d'Enmig;
Es Forcadet.

Between Reception and Museum;
Camí des Senyals;
Camí d'Enmig;
Es Forcadet.

ESPÈCIE	*Erodium chium*	SPECIES
FAMÍLIA	Geraniaceae	FAMILY

NOM / NAME

Rellotges

Three-lobed Stork's-bill

FLORACIÓ / FLOWERING TIME

J	F	M	A	M	J	J	A	S	O	N	D

ALTURA 10–30 cm HEIGHT

DISTRIBUCIÓ I NOTES / DISTRIBUTION AND NOTES

Camí de Ses Puntes;
Camí des Senyals;
Camí de Sa Siurana;
Camí d'Enmig;
Camí dels Polls.

Camí de Ses Puntes;
Camí des Senyals;
Camí de Sa Siurana;
Camí d'Enmig;
Camí dels Polls.

ESPÈCIE	*Erodium moschatum*	SPECIES
FAMÍLIA	Geraniaceae	FAMILY

NOM / NAME

Rellotges;
Herba del mesc

Musk Stork's-bill

FLORACIÓ / FLOWERING TIME

J	F	M	A	M	J	J	A	S	O	N	D

ALTURA 10–30 cm HEIGHT

DISTRIBUCIÓ I NOTES / DISTRIBUTION AND NOTES

Camí de Ses Puntes;
Camí des Senyals;
Camí d'Enmig.

Camí de Ses Puntes;
Camí des Senyals;
Camí d'Enmig.

ESPÈCIE	*Erodium cicutarium*	SPECIES
FAMÍLIA	Geraniaceae	FAMILY

NOM / NAME

Rellotges; Agulles;
Curripeus

Common Stork's-bill

FLORACIÓ / FLOWERING TIME

J	F	M	A	M	J	J	A	S	O	N	D

ALTURA 10–30 cm HEIGHT

DISTRIBUCIÓ I NOTES / DISTRIBUTION AND NOTES

També s'ha registrat
Camí des Senyals;
Camí dels Polls.
Dibuix d'una planta col·lectada fora del Parc.

Has been recorded from
Camí des Senyals;
Camí dels Polls.
Drawn from a plant collected outside Parc.

Erodium malacoides

Erodium chium

Erodium moschatum

Erodium cicutarium

105

Geranium molle

ESPÈCIE | SPECIES

FAMÍLIA Geraniaceae **FAMILY**

NOM — **NAME**

Gerani; Suassana; Rellotges

Dove's-foot Crane's-bill

FLORACIÓ — **FLOWERING TIME**

| J | F | M | A | M | J | J | A | S | O | N | D |

ALTURA 5–30 cm **HEIGHT**

DISTRIBUCIÓ I NOTES — **DISTRIBUTION AND NOTES**

Camí Principal;	Main Drive;
Camí de Ses Puntes;	Camí de Ses Puntes;
Camí des Senyals;	Camí des Senyals;
Sa Roca;	Sa Roca;
Camí de Sa Siurana;	Camí de Sa Siurana;
Camí d'Enmig.	Camí d'Enmig.

Geranium rotundifolium

ESPÈCIE — **SPECIES**

FAMÍLIA Geraniaceae **FAMILY**

NOM — **NAME**

Gerani; Suassana; Rellotges

Round-leaved Crane's-bill

FLORACIÓ — **FLOWERING TIME**

| J | F | M | A | M | J | J | A | S | O | N | D |

ALTURA 5–30 cm **HEIGHT**

DISTRIBUCIÓ I NOTES — **DISTRIBUTION AND NOTES**

Camí Principal;	Main Drive;
Camí de Ses Puntes;	Camí de Ses Puntes;
Sa Roca, El turó d'Observació d'Ocells;	Sa Roca, Bird Observation Mound;
Camí des Senyals;	Camí des Senyals;
Camí d'Enmig.	Camí d'Enmig.

Geranium dissectum

ESPÈCIE — **SPECIES**

FAMÍLIA Geraniaceae **FAMILY**

NOM — **NAME**

Gerani de fulles retallades;
Rellotges

Cut-leaved Crane's-bill

FLORACIÓ — **FLOWERING TIME**

| J | F | M | A | M | J | J | A | S | O | N | D |

ALTURA 30–60 cm **HEIGHT**

DISTRIBUCIÓ I NOTES — **DISTRIBUTION AND NOTES**

Camí Principal;	Main Drive;
Camí de Ses Puntes;	Camí de Ses Puntes;
Sa Roca, El turó d'Observació d'Ocells;	Sa Roca, Bird Observation Mound;
Camí des Senyals;	Camí des Senyals;
Camí d'Enmig.	Camí d'Enmig.

Geranium purpureum

ESPÈCIE — **SPECIES**

FAMÍLIA Geraniaceae **FAMILY**

NOM — **NAME**

Gerani; Herba de Sant Robert;
Rellotges; Güelles salades

Little-Robin

FLORACIÓ — **FLOWERING TIME**

| J | F | M | A | M | J | J | A | S | O | N | D |

ALTURA 20–50 cm **HEIGHT**

DISTRIBUCIÓ I NOTES — **DISTRIBUTION AND NOTES**

Camí Principal;	Main Drive;
Camí de Ses Puntes;	Camí de Ses Puntes;
Sa Roca, El turó d'Observació d'Ocells;	Sa Roca, Bird Observation Mound;
Camí des Senyals;	Camí des Senyals;
Camí d'Enmig;	Camí d'Enmig;
Camí de Sa Siurana.	Camí de Sa Siurana.

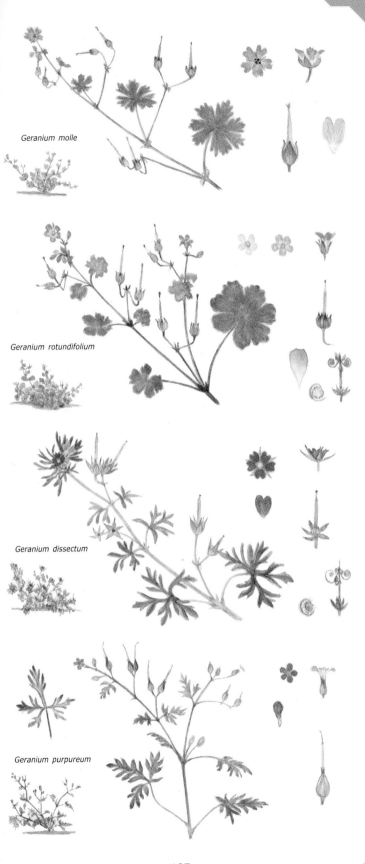

Geranium molle

Geranium rotundifolium

Geranium dissectum

Geranium purpureum

107

ESPÈCIE	*Trifolium resupinatum*	SPECIES
FAMÍLIA	Leguminosae	FAMILY

NOM / NAME

Reversed Clover

FLORACIÓ / FLOWERING TIME

J	F	M	A	M	J	J	A	S	O	N	D

ALTURA / HEIGHT

5–15 cm

DISTRIBUCIÓ I NOTES
**Sa Roca; Camí de Ses Puntes;
Camí d'Enmig; Camí dels Polls.**
Les flors estan 'al reves'.
Les flors de *Trifolium tomentosum* són similars
però la fructificació (A) és diferent.

DISTRIBUTION AND NOTES
**Sa Roca; Camí de Ses Puntes;
Camí d'Enmig; Camí dels Polls.**
Flowers are 'up-side-down'.
The flowers of *Trifolium tomentosum* are
similar but the fruiting head (A) is different.

ESPÈCIE	*Centaurium pulchellum*	SPECIES
FAMÍLIA	Gentianaceae	FAMILY

NOM / NAME

Centaura / Lesser Centaury

FLORACIÓ / FLOWERING TIME

J	F	M	A	M	J	J	A	S	O	N	D

ALTURA / HEIGHT

20–30(40) cm

DISTRIBUCIÓ I NOTES
**Sa Roca, El turó d'Observació d'Ocells;
Camí des Senyals.**
Els extractes s'utilitzaven per controlar la febre.

DISTRIBUTION AND NOTES
**Sa Roca, Bird Observation Mound;
Camí des Senyals.**
Extracts were used to control fevers.

ESPÈCIE	*Lamium amplexicaule*	SPECIES
FAMÍLIA	Labiatae	FAMILY

NOM / NAME

Floruvi; Tinya negra; Ninois / Henbit Deadnettle

FLORACIÓ / FLOWERING TIME

J	F	M	A	M	J	J	A	S	O	N	D

ALTURA / HEIGHT

15–25 cm

DISTRIBUCIÓ I NOTES
Apareix per la majoria de camins.
Utilitzada en medicina natural per tractar
malalties uterines i de la pròstata.

DISTRIBUTION AND NOTES
Occurs along most tracks.
Used in herbal medecine to treat prostrate
and uterine ailments.

ESPÈCIE	*Teucrium polium* ssp. *pii-fontii*	SPECIES
FAMÍLIA	Labiatae	FAMILY

NOM / NAME

Herba de Sant Ponç;
Farigola mascle; Lladanies

FLORACIÓ / FLOWERING TIME

J	F	M	A	M	J	J	A	S	O	N	D

ALTURA / HEIGHT

20–45 cm

DISTRIBUCIÓ I NOTES
Sa Roca, El turó d'Observació d'Ocells.

DISTRIBUTION AND NOTES
Sa Roca, Bird Observation Mound.

ESPÈCIE	*Vicia sativa*	SPECIES
FAMÍLIA	Labiatae	FAMILY

NOM / NAME

Veça Castellà / Common Vetch

FLORACIÓ / FLOWERING TIME

J	F	M	A	M	J	J	A	S	O	N	D

ALTURA / HEIGHT

20–40 cm

DISTRIBUCIÓ I NOTES
**Camí des Senyals; Camí d'Enmig;
Es Forcadet; Camí de s'Illot.**

DISTRIBUTION AND NOTES
**Camí des Senyals; Camí d'Enmig;
Es Forcadet; Camí de s'Illot.**

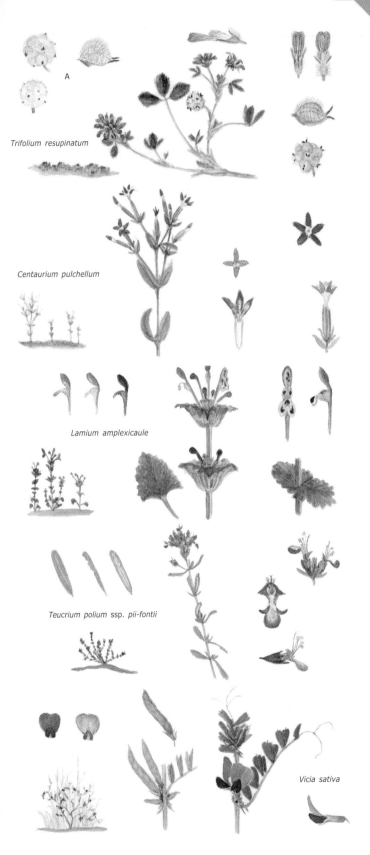

A

Trifolium resupinatum

Centaurium pulchellum

Lamium amplexicaule

Teucrium polium ssp. *pii-fontii*

Vicia sativa

109

Allium roseum
Liliaceae

NOM / **NAME**

All de moro — Rosy Garlic

FLORACIÓ / **FLOWERING TIME**

J	F	M	A	M	J	J	A	S	O	N	D
		M	A	M	J						

ALTURA / **HEIGHT**

40–50(60) cm

DISTRIBUCIÓ I NOTES / **DISTRIBUTION AND NOTES**

A tot arreu, a tots els camins.
Bombetas entre las flores.

Widespread, along most tracks.
Bulbils among the flowers.

Rubus ulmifolius
Rosaceaseae

NOM / **NAME**

Romaguer; Abatzer — Blackberry; Bramble

FLORACIÓ / **FLOWERING TIME**

J	F	M	A	M	J	J	A	S	O	N	D
					J	J	A				

ALTURA / **HEIGHT**

(s'enfila) <3 m (climber)

DISTRIBUCIÓ I NOTES / **DISTRIBUTION AND NOTES**

A tots els camins, aferrant-se a les altres plantes.
Molt espinosa.
El fruit és comestible. Les fulles contenen extractes i olis essencials, que s'empraven per curar hemorràgies, úlceres i per aturar la diarrea.

Along all tracks, clinging to other plants.
Very prickly.
Fruit is edible. Leaves contain fragrant oils and infusions which were used to treat bleeding, ulcers and to counteract diarrhoea.

Convolvulus arvensis
Convolvulaceae

NOM / **NAME**

Corretjola de sembradis; Campaneta — Field Bindweed; Combine

FLORACIÓ / **FLOWERING TIME**

J	F	M	A	M	J	J	A	S	O	N	D
			A	M	J	J	A	S			

ALTURA / **HEIGHT**

(anfiladissa) 150 cm (scrambler)

DISTRIBUCIÓ I NOTES / **DISTRIBUTION AND NOTES**

Sa Roca, El turó d'Observació d'Ocells; Camí d'Enmig; Es Forcadet.
Una infusió de les flors s'usava com a purga.

Sa Roca, Bird Observation Mound; Camí d'Enmig; Es Forcadet.
An infusion of flowers was used as a purgative.

Convolvulus cantabrica
Convolvulaceae

NOM / **NAME**

Correjolat — Pink Convolvulus

FLORACIÓ / **FLOWERING TIME**

J	F	M	A	M	J	J	A	S	O	N	D
			A	M	J	J	A				

ALTURA / **HEIGHT**

30 cm

DISTRIBUCIÓ I NOTES / **DISTRIBUTION AND NOTES**

Camí de s'Illot; Es Forcadet.

Camí de s'Illot; Es Forcadet.

Allium roseum

Rubus ulmifolius

Convolvulus arvensis

Convolvulus cantabrica

111

Misopates orontium

FAMÍLIA · FAMILY
Scrophulariaceae

NOM · NAME

Gossets; Cap de mort

Weasel's Snout
Lesser Snapdragon

FLORACIÓ · FLOWERING TIME

J	F	M	A	M	J	J	A	S	O	N	D

ALTURA · HEIGHT
15–25 cm

DISTRIBUCIÓ I NOTES
Prat, Ses Puntes;
Camí des Senyals;
Es Forcadet.

DISTRIBUTION AND NOTES
Meadow, Ses Puntes;
Camí des Senyals;
Es Forcadet.

Centranthus calcitrapae

FAMÍLIA · FAMILY
Valerianaceae

NOM · NAME

Pedrosa; Roseta

Valerian

FLORACIÓ · FLOWERING TIME

J	F	M	A	M	J	J	A	S	O	N	D

ALTURA · HEIGHT
5–15(40) cm

DISTRIBUCIÓ I NOTES
Sa Roca, El turó d'Observació d'Ocells;
Camí des Senyals;
Camí de Ses Puntes.
Els extractes de les arrels s'utilitzaven com a sedants.

DISTRIBUTION AND NOTES
Sa Roca, Bird Observation Mound;
Camí des Senyals;
Camí de Ses Puntes.
Extracts of the roots were used as a sedative.

Trifolium fragiferum

FAMÍLIA · FAMILY
Leguminosae

NOM · NAME

Trèvol maduixer

Strawberry Clover

FLORACIÓ · FLOWERING TIME

J	F	M	A	M	J	J	A	S	O	N	D

ALTURA · HEIGHT
5–15 cm

DISTRIBUCIÓ I NOTES
Camí dels Polls;
Sa Roca, El turó d'Observació d'Ocells.

DISTRIBUTION AND NOTES
Camí dels Polls;
Sa Roca, Bird Observation Mound.

Convolvulus althaeoides

FAMÍLIA · FAMILY
Convolvulaceae

NOM · NAME

Corretjola

Mallow-leaved Bindweed

FLORACIÓ · FLOWERING TIME

J	F	M	A	M	J	J	A	S	O	N	D

ALTURA · HEIGHT
(enfiladissa) 200 cm (scrambler)

DISTRIBUCIÓ I NOTES
Per la majoria de camins.
Els extractes de les arrels s'utilitzaven com a sedants.

DISTRIBUTION AND NOTES
Along most tracks.
Extracts of the roots were used as a sedative.

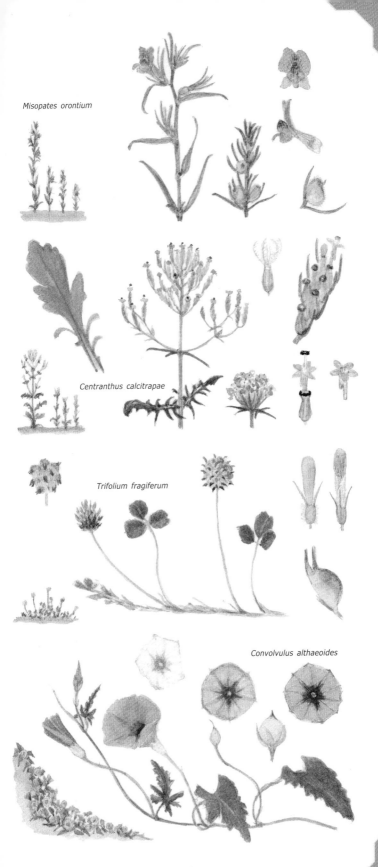

Misopates orontium

Centranthus calcitrapae

Trifolium fragiferum

Convolvulus althaeoides

113

Silene vulgaris

ESPÈCIE **Silene vulgaris** SPECIES
FAMÍLIA Caryophyllaceae FAMILY

NOM NAME
Colís; Colissos; Trons Bladder Campion

FLORACIÓ FLOWERING TIME

J	F	M	A	M	J	J	A	S	O	N	D

ALTURA 30–40(50) cm HEIGHT

DISTRIBUCIÓ I NOTES
Per la majoria de camins.
Les fulles es mengen a truites i amanides.

DISTRIBUTION AND NOTES
Along most tracks.
Leaves are used in salads and omelettes.

Silene gallica

ESPÈCIE **Silene gallica** SPECIES
FAMÍLIA Caryophyllaceae FAMILY

NOM NAME
Small-flowered Catchfly

FLORACIÓ FLOWERING TIME

J	F	M	A	M	J	J	A	S	O	N	D

ALTURA 10–20(30) cm HEIGHT

DISTRIBUCIÓ I NOTES
Camí de Ses Puntes;
Son Carbonell.

DISTRIBUTION AND NOTES
Camí de Ses Puntes;
Son Carbonell.

Silene nicaeensis

ESPÈCIE **Silene nicaeensis** SPECIES
FAMÍLIA Caryophyllaceae FAMILY

NOM NAME

FLORACIÓ FLOWERING TIME

J	F	M	A	M	J	J	A	S	O	N	D

ALTURA 20–40 cm HEIGHT

DISTRIBUCIÓ I NOTES
Camí d'Enmig;
Es Forcadet.

DISTRIBUTION AND NOTES
Camí d'Enmig;
Es Forcadet.

Petrorhagia nanteuilii

ESPÈCIE **Petrorhagia nanteuilii** SPECIES
FAMÍLIA Caryophyllaceae FAMILY

NOM NAME
Childing Pink

FLORACIÓ FLOWERING TIME

J	F	M	A	M	J	J	A	S	O	N	D

ALTURA 20–30 cm HEIGHT

DISTRIBUCIÓ I NOTES
Camí de s'Illot.

DISTRIBUTION AND NOTES
Camí de s'Illot.

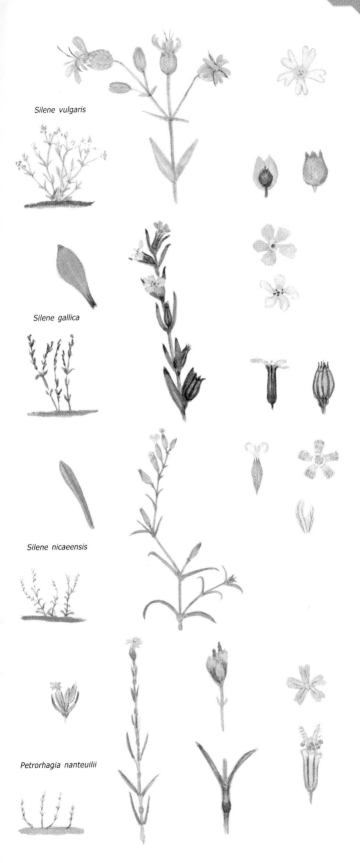

Silene vulgaris

Silene gallica

Silene nicaeensis

Petrorhagia nanteuilii

115

ESPÈCIE	***Asphodelus aestivus***	SPECIES
FAMÍLIA	Liliaceae	FAMILY

NOM / **NAME**

Porrassa; Caramuixa; Albó

Common Asphodel

FLORACIÓ / **FLOWERING TIME**

J	F	M	A	M	J	J	A	S	O	N	D

ALTURA / **HEIGHT**

90–150 cm

DISTRIBUCIÓ I NOTES
Per tot arreu, a tots els camins.
Fulles (A).
Els tubercles, amb molt de midó i mucilaginosos, es menjaven bullits (per llevar-los l'agrura). S'usava també per tractar problemes estomacals i per desinfectar ferides.
Els sabaters usaven una goma d'aferrar feta dels tubercles.

DISTRIBUTION AND NOTES
Widespread, on all tracks.
Leaves (A).
The starchy, mucilaginous tubers were used for food, after being boiled to remove bitterness. They were also used to treat stomach disorders, as a styptic for wounds.
Cobblers used a glue made from the tubers.

ESPÈCIE	***Asphodelus fistulosus***	SPECIES
FAMÍLIA	Liliaceae	FAMILY

NOM / **NAME**

Porrassí; Cibollí

Hollow-leaved Asphodel

FLORACIÓ / **FLOWERING TIME**

J	F	M	A	M	J	J	A	S	O	N	D

ALTURA / **HEIGHT**

3–50 cm

DISTRIBUCIÓ I NOTES
Camí Principal;
Camí de Ses Puntes;
Camí den Pep;
Camí des Senyals;
Sa Roca, pont del Gran Canal.
Les tiges i fulles són buides (a).
Extractes de les arrels s'usaven per curar dermatitis i per fer cosmètics.

DISTRIBUTION AND NOTES
Main Drive;
Camí de Ses Puntes;
Camí den Pep;
Camí des Senyals;
Sa Roca, bridge over Gran Canal.
Stems and leaves are hollow (A).
Extracts from the roots were used to cure dermatitis and also in cosmetic preparations.

ESPÈCIE	***Sedum rubens***	SPECIES
FAMÍLIA	Crassulariaceae	FAMILY

NOM / **NAME**

FLORACIÓ / **FLOWERING TIME**

J	F	M	A	M	J	J	A	S	O	N	D

ALTURA / **HEIGHT**

5–10 cm

DISTRIBUCIÓ I NOTES
Es Forcadet.

DISTRIBUTION AND NOTES
Es Forcadet.

ESPÈCIE	***Asparagus stipularis***	SPECIES
FAMÍLIA	Liliaceae	FAMILY

NOM / **NAME**

Esparaguera vera

FLORACIÓ / **FLOWERING TIME**

J	F	M	A	M	J	J	A	S	O	N	D

ALTURA / **HEIGHT**

<60 cm

DISTRIBUCIÓ I NOTES
Camí de Ses Puntes;
Proximitats de Sa Roca.
Molt espinosa.

DISTRIBUTION AND NOTES
Camí de Ses Puntes;
Around Sa Roca.
Very spiny.

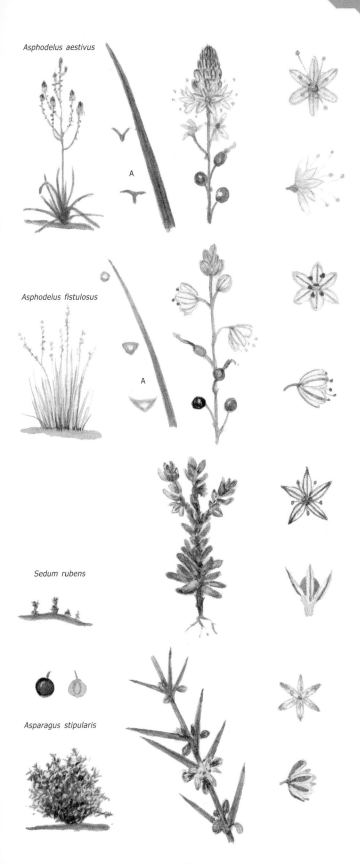

Asphodelus aestivus

A

Asphodelus fistulosus

A

Sedum rubens

Asparagus stipularis

117

Bellardia trixago

ESPÈCIE	*Bellardia trixago*	SPECIES
FAMÍLIA	Scrophulariaceae	FAMILY

NOM	NAME
Pàpola; Erinassos; Cresta de gall	Bellardia

FLORACIÓ / FLOWERING TIME

J	F	M	A	M	J	J	A	S	O	N	D

ALTURA: 30–45 cm / HEIGHT

DISTRIBUCIÓ I NOTES	DISTRIBUTION AND NOTES
Camí d'en Pep; Camí des Senyals; Prat, Ses Puntes. Pilosa.	Camí d'en Pep; Camí des Senyals; Prat, Ses Puntes. Hairy.

Ononis reclinata

ESPÈCIE	*Ononis reclinata*	SPECIES
FAMÍLIA	Leguminosae	FAMILY

NOM	NAME
	Restharrow

FLORACIÓ / FLOWERING TIME

J	F	M	A	M	J	J	A	S	O	N	D

ALTURA: 5–10 cm / HEIGHT

DISTRIBUCIÓ I NOTES	DISTRIBUTION AND NOTES
Camí Principal; Camí dels Polls. Generalment corbada cap a terra. Les fulles són aferradisses.	Main Drive; Camí dels Polls. Usually spreading on the ground. Leaves are sticky.

Spergularia marina

ESPÈCIE	*Spergularia marina*	SPECIES
FAMÍLIA	Caryophyllaceae	FAMILY

NOM	NAME
	Sea Spurrey

FLORACIÓ / FLOWERING TIME

J	F	M	A	M	J	J	A	S	O	N	D

ALTURA: 5–10 cm / HEIGHT

DISTRIBUCIÓ I NOTES	DISTRIBUTION AND NOTES
Camí de Ses Puntes; Camí dels Polls.	Camí de Ses Puntes; Camí dels Polls.

Malva parviflora

ESPÈCIE	*Malva parviflora*	SPECIES
FAMÍLIA	Malvaceae	FAMILY

NOM	NAME
Malva de fulla petita; Vauma	Least Mallow

FLORACIÓ / FLOWERING TIME

J	F	M	A	M	J	J	A	S	O	N	D

ALTURA: <15 cm / HEIGHT

DISTRIBUCIÓ I NOTES	DISTRIBUTION AND NOTES
Malecó des Canal des Sol. També s'ha registrat *Malva nicaeensis*	Malecó des Canal des Sol. *Malva nicaeensis* has also been recorded

Bellardia trixago

Ononis reclinata

Spergularia marina

Malva parviflora

119

Lonicera implexa
ESPÈCIE / SPECIES

FAMÍLIA / FAMILY: Caprifoliaceae

NOM / NAME: Mare-selva; Mamellera; Rotaboc; Xuclamel — Honeysuckle

FLORACIÓ / FLOWERING TIME: J F M A M J J A S O N D

ALTURA / HEIGHT: (enfiladissa) <200 cm (scrambler)

DISTRIBUCIÓ I NOTES: Camí de Sa Siurana; Camí d'Enmig; Es Forcadet.

DISTRIBUTION AND NOTES: Camí de Sa Siurana; Camí d'Enmig; Es Forcadet.

Fumaria bastardii
ESPÈCIE / SPECIES

FAMÍLIA / FAMILY: Papaveraceae

NOM / NAME: Colomina; Fumusterra — Tall Ramping-fumitory

FLORACIÓ / FLOWERING TIME: J F M A M J J A S O N D

ALTURA / HEIGHT: 20–40 cm

DISTRIBUCIÓ I NOTES: Ses Puntes.

DISTRIBUTION AND NOTES: Ses Puntes.

Fumaria capreolata
ESPÈCIE / SPECIES

FAMÍLIA / FAMILY: Papaveraceae

NOM / NAME: Colomina; Fumusterra — Ramping-fumitory

FLORACIÓ / FLOWERING TIME: J F M A M J J A S O N D

ALTURA / HEIGHT: (enfiladissa) 30–60 cm (scrambler)

DISTRIBUCIÓ I NOTES: Per la majoria de camins.

DISTRIBUTION AND NOTES: Along most tracks.

Fumaria parviflora
ESPÈCIE / SPECIES

FAMÍLIA / FAMILY: Papaveraceae

NOM / NAME: Fine-leaved Fumitory

FLORACIÓ / FLOWERING TIME: J F M A M J J A S O N D

ALTURA / HEIGHT: <15 cm

DISTRIBUCIÓ I NOTES: Es Forcadet.

DISTRIBUTION AND NOTES: Es Forcadet.

També s'ha registrat *Fumaria bicolor*.

Fumaria bicolor has also been recorded.

Lonicera implexa

Fumaria bastardii

Fumaria capreolata

Fumaria parviflora

121

Cistus albidus
Cistaceae

NOM / NAME

Estepa blanca;
Estepa d'escurar

Grey-leaved Cistus

FLORACIÓ / FLOWERING TIME

J	F	M	A	M	J	J	A	S	O	N	D

ALTURA / HEIGHT: <100 cm

DISTRIBUCIÓ I NOTES / DISTRIBUTION AND NOTES

Camí Principal;
Camí des Senyals.

Main Drive;
Camí des Senyals.

Epilobium tetragonum
Onagraceae

NOM / NAME

Square-stalked Willowherb

FLORACIÓ / FLOWERING TIME

J	F	M	A	M	J	J	A	S	O	N	D

ALTURA / HEIGHT: 40–60(75) cm

DISTRIBUCIÓ I NOTES / DISTRIBUTION AND NOTES

Camí de Sa Siurana;
Camí des Senyals.

Camí de Sa Siurana;
Camí des Senyals.

Frankenia pulverulenta
Frankeniaceae

NOM / NAME

FLORACIÓ / FLOWERING TIME

J	F	M	A	M	J	J	A	S	O	N	D

ALTURA / HEIGHT: 5–15(30) cm

DISTRIBUCIÓ I NOTES / DISTRIBUTION AND NOTES

Camí dels Polls;
Sa Roca, El turó d'Observació d'Ocells.

Camí dels Polls;
Sa Roca, Bird Observation Mound.

Micromeria nervosa
Labiatae

NOM / NAME

FLORACIÓ / FLOWERING TIME

J	F	M	A	M	J	J	A	S	O	N	D

ALTURA / HEIGHT: 5–30 cm

DISTRIBUCIÓ I NOTES / DISTRIBUTION AND NOTES

Camí dels Polls;
Sa Roca, El turó d'Observació d'Ocells;
Camí de s'Illot.

Camí dels Polls;
Sa Roca, Bird Observation Mound;
Camí de s'Illot.

Cistus albidus

Epilobium tetragonum

Frankenia pulverulenta

Micromeria nervosa

Lavatera cretica
Malvaceae

NOM / **NAME**

Malva; Malva crètica; Vauma

Cretan Mallow; Small Tree Mallow

FLORACIÓ / **FLOWERING TIME**

| J | **F** | M | A | M | **J** | **J** | A | S | O | N | D |

ALTURA / **HEIGHT**: <150 cm

DISTRIBUCIÓ I NOTES / **DISTRIBUTION AND NOTES**

Per la majoria de camins.

Along most tracks.

Lavatera arborea
Malvaceae

NOM / **NAME**

Malva d'arbre; Malvera; Vauma; Vaumera

Tree Mallow

FLORACIÓ / **FLOWERING TIME**

| J | **F** | **M** | **A** | **M** | **J** | **J** | **A** | S | O | N | D |

ALTURA / **HEIGHT**: 100–300 cm

DISTRIBUCIÓ I NOTES / **DISTRIBUTION AND NOTES**

Camí d'Enmig; Camí des Senyals.

Camí d'Enmig; Camí des Senyals.

Malva sylvestris
Malvaceae

NOM / **NAME**

Malva; Vauma

Common Mallow

FLORACIÓ / **FLOWERING TIME**

| J | **F** | **M** | **A** | **M** | **J** | **J** | **A** | S | O | N | D |

ALTURA / **HEIGHT**: <150 cm

DISTRIBUCIÓ I NOTES / **DISTRIBUTION AND NOTES**

Per la majoria des camins.
Els soldats romans la menjaven i utilitzaven com a medicina. Pliny va pensar que una dosi diària els faria immunes a la majoria de malalties.

Along most tracks.
Eaten by Roman soldiers both as food and as medicine. Pliny thought a daily dose would give immunity to most ills. There is mucilage throughout the plant which was used in a closely related species to make marsh-mallow.

Malva parviflora
Malvaceae

NOM / **NAME**

Malva de fulla petita; Vauma

Least Mallow

FLORACIÓ / **FLOWERING TIME**

| J | **F** | **M** | **A** | **M** | **J** | **J** | A | S | O | N | D |

ALTURA / **HEIGHT**: <15 cm

DISTRIBUCIÓ I NOTES / **DISTRIBUTION AND NOTES**

Malecó des Canal des Sol.

Malecó des Canal des Sol.

També s'ha registrat *Malva nicaeensis*.

Malva nicaeensis has also been recorded.

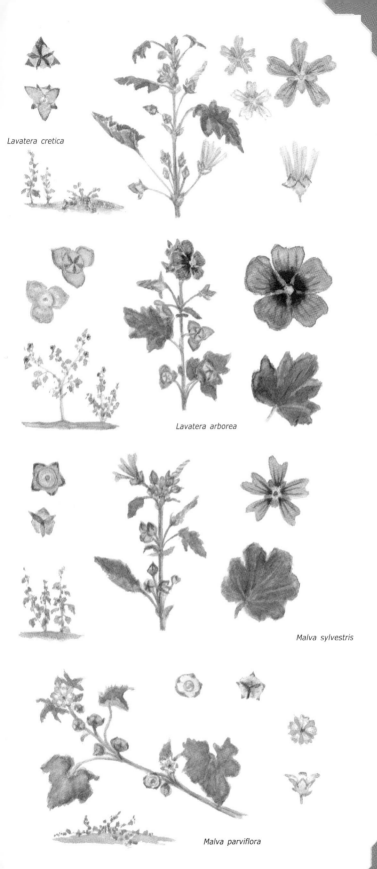

Lavatera cretica

Lavatera arborea

Malva sylvestris

Malva parviflora

125

ESPÈCIE	*Verbena officinalis*	SPECIES
FAMÍLIA	Verbenaceae	FAMILY

NOM / **NAME**

Verbena; Barbera; Herba babera

Vervain

FLORACIÓ / **FLOWERING TIME**

J	F	M	A	M	J	J	A	S	O	N	D

ALTURA / **HEIGHT**

20–50 cm

DISTRIBUCIÓ I NOTES

Apareix dispersa a tots els camins.
Era una planta molt venerada.
A l'Edat Mitja s'usava contra la peste i com a protecció contra bruixes i dimonis.
També associada als déus de la guerra.

DISTRIBUTION AND NOTES

Widespread, scattered along most tracks.
This used to be a much venerated plant.
In the Middle Ages it was used as a cure for the Plague and as a protection against witches and demons.
Also associated with the gods of war!

ESPÈCIE	*Sherardia arvensis*	SPECIES
FAMÍLIA	Rubiaceae	FAMILY

NOM / **NAME**

Rèbola

Field Madder

FLORACIÓ / **FLOWERING TIME**

J	F	M	A	M	J	J	A	S	O	N	D

ALTURA / **HEIGHT**

5–10 cm

DISTRIBUCIÓ I NOTES

Sa Roca;
Camí de Ses Puntes;
Prat, Ses Puntes;
Camí des Senyals.

DISTRIBUTION AND NOTES

Sa Roca;
Camí de Ses Puntes;
Meadow, Ses Puntes;
Camí des Senyals.

ESPÈCIE	*Bellis annua*	SPECIES
FAMÍLIA	Compositae	FAMILY

NOM / **NAME**

Margalideta; Primavera; Picarol

Annual Daisy

FLORACIÓ / **FLOWERING TIME**

J	F	M	A	M	J	J	A	S	O	N	D

ALTURA / **HEIGHT**

5–10 cm

DISTRIBUCIÓ I NOTES

Apareix a tots els camins.
Molt fàcil de veure als mesos de febrer i març.

DISTRIBUTION AND NOTES

Occurs along all tracks.
Very noticeable in February and March.

ESPÈCIE	*Valerianella eriocarpa*	SPECIES
FAMÍLIA	Valerianaceae	FAMILY

NOM / **NAME**

Hairy-fruited Cornsalad

FLORACIÓ / **FLOWERING TIME**

J	F	M	A	M	J	J	A	S	O	N	D

ALTURA / **HEIGHT**

5–15(40) cm

DISTRIBUCIÓ I NOTES

Damunt les parets dels aqueductes.
Camí de Ses Puntes;
Camí des Senyals.
Les fulles es poden menjar en amanida.
Els extractes de *Valerianella* s'utilitzen cm a tranquilitzants.

DISTRIBUTION AND NOTES

On tops of aqueduct walls.
Camí de Ses Puntes;
Camí des Senyals.
Leaves can be eaten in salads.
Herbalists use extracts of *Valerianella* as a tranquilliser.

Verbena officinalis

Sherardia arvensis

Bellis annua

Valerianella eriocarpa

127

Scabiosa atropurpurea

ESPÈCIE / SPECIES: **Scabiosa atropurpurea**

FAMÍLIA / FAMILY: Dipsacaceae

NOM / NAME: Escabiosa; Viuda — Mournful Widow

FLORACIÓ / FLOWERING TIME:

J	F	M	A	M	**J**	**J**	**A**	**S**	O	N	D

ALTURA / HEIGHT: 20–40(50) cm

DISTRIBUCIÓ I NOTES:
Camí Principal;
Sa Roca, El turó d'Observació d'Ocells;
Camí d'Enmig;
Camí d'en Pep.
Antigament s'usava per curar crosteres.

DISTRIBUTION AND NOTES:
Main Drive;
Sa Roca, Bird Observation Mound;
Camí d'Enmig;
Camí d'en Pep.
Formerly used to cure scabies.

Ballota nigra

ESPÈCIE / SPECIES: **Ballota nigra**

FAMÍLIA / FAMILY: Labiatae

NOM / NAME: Herba pudenta; Mairubí bord; Mairubí negre — Black Horehound; Stinking Roger

FLORACIÓ / FLOWERING TIME:

J	F	M	A	**M**	**J**	**J**	**A**	**S**	O	N	D

ALTURA / HEIGHT: 20–30 cm

DISTRIBUCIÓ I NOTES:
Prat, Ses Puntes;
Camí d'Enmig;
Camí de Sa Siurana.

DISTRIBUTION AND NOTES:
Meadow, Ses Puntes;
Camí d'Enmig;
Camí de Sa Siurana.

Allium ampeloprasum

ESPÈCIE / SPECIES: **Allium ampeloprasum**

FAMÍLIA / FAMILY: Liliaceae

NOM / NAME: All de serp; Porradell; All porro — Wild Leek

FLORACIÓ / FLOWERING TIME:

J	F	M	A	**M**	**J**	**J**	A	S	O	N	D

ALTURA / HEIGHT: 60–100 cm

DISTRIBUCIÓ I NOTES:
Camí Principal;
Camí des Senyals;
Camí de Ses Puntes;
Camí de Sa Siurana.
S'utilitzava per tractar els cucs i com a verdura.

DISTRIBUTION AND NOTES:
Main Drive;
Camí des Senyals;
Camí de Ses Puntes;
Camí de Sa Siurana.
Has been used as a vegetable and to expel worms.

Arisarum vulgare

ESPÈCIE / SPECIES: **Arisarum vulgare**

FAMÍLIA / FAMILY: Araceae

NOM / NAME: Frare bec; Rapa de frare; Llums; Apagallums — Friar's Cowl

FLORACIÓ / FLOWERING TIME:

J	F	**M**	**A**	M	J	J	A	S	**O**	**N**	D

ALTURA / HEIGHT: 10–20 cm

DISTRIBUCIÓ I NOTES:
Camí de Sa Siurana;
Camí d'Enmig;
Ses Puntes, prop dels pins.
Un preparat dels tubercles s'usava per tractar problemes respiratoris i com antídot per la picadura de serp.

DISTRIBUTION AND NOTES:
Camí de Sa Siurana;
Camí d'Enmig;
Ses Puntes, near Pine trees.
A preparation from the tubers was used to treat respiratory conditions and as an antidote for snake bite.

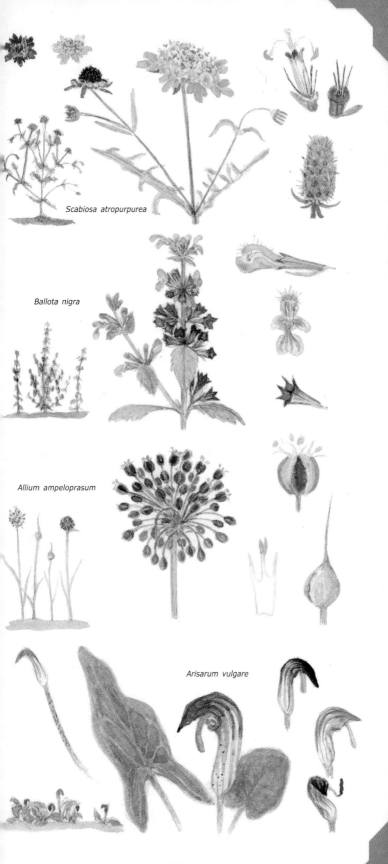

Scabiosa atropurpurea

Ballota nigra

Allium ampeloprasum

Arisarum vulgare

129

Mentha aquatica

ESPÈCIE	*Mentha aquatica*	SPECIES
FAMÍLIA	Labiatae	FAMILY

NOM / **NAME**

Herba sana borda — Water Mint

FLORACIÓ / **FLOWERING TIME**

J	F	M	A	M	**J**	**J**	**A**	S	O	N	D

ALTURA 20–80 cm **HEIGHT**

DISTRIBUCIÓ I NOTES
Camí dels Polls.
Creix a aigües dolces amb *Phragmites*.

DISTRIBUTION AND NOTES
Camí dels Polls.
Growing in fresh water with *Phragmites*.

Limonium oleifolium

ESPÈCIE	*Limonium oleifolium*	SPECIES
FAMÍLIA	Plumbaginaceae	FAMILY

NOM / **NAME**

Saladines — Sea-Lavender

FLORACIÓ / **FLOWERING TIME**

J	F	M	A	**M**	**J**	**J**	**A**	**S**	O	N	D

ALTURA 20–50 cm **HEIGHT**

DISTRIBUCIÓ I NOTES
Camí des Senyals;
Prat, Ses Puntes.
Les flors s'han usat (i encara s'usen) per fer rams secs.

S'han registrat altres espècies de **Limonium**.

DISTRIBUTION AND NOTES
Camí des Senyals;
Meadow, Ses Puntes.
The flowers were, and still are, used in dried flower arrangements.

Other species of **Limonium** have been recorded.

Aster tripolium

ESPÈCIE	*Aster tripolium*	SPECIES
FAMÍLIA	Compositae	FAMILY

NOM / **NAME**

Sea Aster

FLORACIÓ / **FLOWERING TIME**

J	F	M	A	M	**J**	**J**	**A**	**S**	O	N	D

ALTURA 20–50 cm **HEIGHT**

DISTRIBUCIÓ I NOTES
Camí des Senyals;
Camí de Ses Puntes;
Camí d'en Pep.
Les arrels s'usaven per curar ferides i se'n feien infusions per curar la hidropesia i com antídot contra verins.

DISTRIBUTION AND NOTES
Camí des Senyals;
Camí de Ses Puntes;
Camí d'en Pep.
Roots were used to heal wounds. Infusions were used to cure dropsy and as an antidote against poisons.

Psoralea bituminosa

ESPÈCIE	*Psoralea bituminosa*	SPECIES
FAMÍLIA	Leguminosae	FAMILY

NOM / **NAME**

Trèvol pudent;
Herba cabruna — Pitch Trefoil

FLORACIÓ / **FLOWERING TIME**

J	F	M	**A**	**M**	**J**	**J**	**A**	**S**	**O**	N	D

ALTURA 40–50(100) cm **HEIGHT**

DISTRIBUCIÓ I NOTES
Cami de s'Illot.

DISTRIBUTION AND NOTES
Cami de s'Illot.

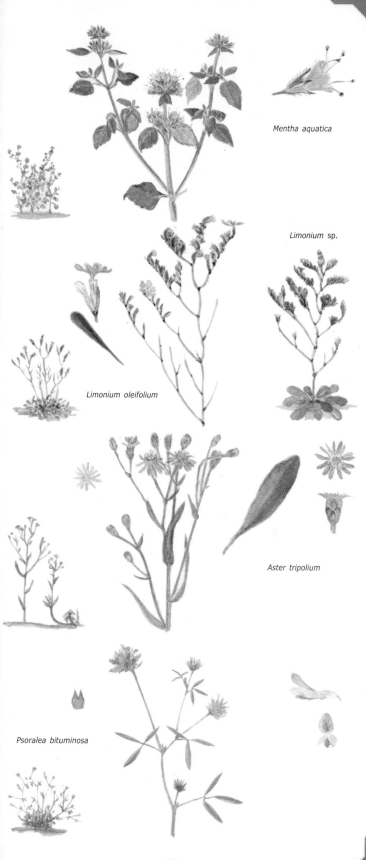

Mentha aquatica

Limonium sp.

Limonium oleifolium

Aster tripolium

Psoralea bituminosa

| ESPÈCIE | ***Cirsium vulgare*** | SPECIES |
| FAMÍLIA | Compositae | FAMILY |

| NOM | | NAME |
| Llobacardia | | Spear Thistle |

FLORACIÓ · FLOWERING TIME

| J | F | M | A | M | J | J | A | S | O | N | D |

ALTURA — 100–150 cm — HEIGHT

DISTRIBUCIÓ I NOTES
Entre la Recepció i el Museu;
Camí dels Polls;
Camí de Pujol;
Es Forcadet.
Es l'emblema d'Escòcia.
Portat en processió alertava als 'terratinents' a no
ficar-se en la vida privada de la gent.
Les plantes joves a vegades es menjaven a
l'amanida o com a carxofes.

DISTRIBUTION AND NOTES
Between Reception and Museum;
Camí dels Polls;
Camí de Pujol;
Es Forcadet.
Emblem of Scotland.
Carried in processions warning the 'Lairds' not
to meddle in the private lives of the people.
Young plants were sometimes eaten in
salads, or like globe artichokes.

| ESPÈCIE | ***Cirsium arvense*** | SPECIES |
| FAMÍLIA | Compositae | FAMILY |

| NOM | | NAME |
| Càlcides | | Creeping Thistle |

FLORACIÓ · FLOWERING TIME

| J | F | M | A | M | J | J | A | S | O | N | D |

ALTURA — 75–100 cm — HEIGHT

DISTRIBUCIÓ I NOTES
Camí dels Polls;
Camí de Pujol;
Es Forcadet.

DISTRIBUTION AND NOTES
Camí dels Polls;
Camí de Pujol;
Es Forcadet.

| ESPÈCIE | ***Dipsacus fullonum*** | SPECIES |
| FAMÍLIA | Dipsacaceae | FAMILY |

| NOM | | NAME |
| Pinta de moro | | Teasel |

FLORACIÓ · FLOWERING TIME

| J | F | M | A | M | J | J | A | S | O | N | D |

ALTURA — 100–200 cm — HEIGHT

DISTRIBUCIÓ I NOTES
Camí Principal;
Camí de Ses Puntes;
Malecó des Canal des Sol;
Camí d'en Pep.
Els capítos s'utilitzaven per cardar les fibres
de llana després de filar, o per trure la
pelussa de la roba.
L'aigua recollida a les 'copes' formades per
les bases de les fulles s'emprava per
alleugerir la irritació dels ulls provocada per
la febre de l'ordi.

DISTRIBUTION AND NOTES
Main Drive;
Camí de Ses Puntes;
Malecó des Canal des Sol;
Camí d'en Pep.
The heads were used to tease out the
separate fibres of wool before spinning, or to
raise the 'nap' or 'pile' on the finished cloth.
The water which collected in the 'cups'
formed by the bases of the leaves was used
to alleviate irritation of the eyes caused by
hay-fever.

Cirsium vulgare

Cirsium arvense

Dipsacus fullonum

133

ESPÈCIE	*Centaurea aspera*	SPECIES
FAMÍLIA	Compositae	FAMILY

NOM		NAME
Bracera; Travalera		Rough Star-thistle

FLORACIÓ / FLOWERING TIME

J	F	M	A	M	J	J	A	S	O	N	D

ALTURA 20–40 cm HEIGHT

DISTRIBUCIÓ I NOTES	DISTRIBUTION AND NOTES
Camí Principal; Sa Roca, El turó d'Observació d'Ocells; Camí d'Enmig; Camí d'en Pep.	Main Drive; Sa Roca, Bird Observation Mound; Camí d'Enmig; Camí d'en Pep.

ESPÈCIE	*Galactites tomentosa*	SPECIES
FAMÍLIA	Compositae	FAMILY

NOM		NAME
Card tromper; Card blanc		Galactites

FLORACIÓ / FLOWERING TIME

J	F	M	A	M	J	J	A	S	O	N	D

ALTURA 70–90(150) cm HEIGHT

DISTRIBUCIÓ I NOTES	DISTRIBUTION AND NOTES
Camí Principal; Camí des Senyals; Camí de Sa Siurana; Camí d'Enmig; Es Forcadet.	Main Drive; Camí des Senyals; Camí de Sa Siurana; Camí d'Enmig; Es Forcadet.

ESPÈCIE	*Carduus tenuiflorus*	SPECIES
FAMÍLIA	Compositae	FAMILY

NOM		NAME
Card		Slender Thistle

FLORACIÓ / FLOWERING TIME

J	F	M	A	M	J	J	A	S	O	N	D

ALTURA 50–75 cm HEIGHT

DISTRIBUCIÓ I NOTES	DISTRIBUTION AND NOTES
Camí Principal; Camí de Sa Siurana; Camí d'Enmig; Es Forcadet; Camí dels Polls.	Main Drive; Camí de Sa Siurana; Camí d'Enmig; Es Forcadet; Camí dels Polls.

Centaurea aspera

Galactites tomentosa

Carduus tenuiflorus

Vinca difformis

ESPÈCIE	Vinca difformis	SPECIES
FAMÍLIA	Apocynaceae	FAMILY

NOM		NAME
Proenga; Viola de bruixa		Periwinkle

FLORACIÓ — FLOWERING TIME

J	F	M	A	M	J	J	A	S	O	N	D

ALTURA 40–60 cm **HEIGHT**

DISTRIBUCIÓ I NOTES
Es Forcadet.

DISTRIBUTION AND NOTES
Es Forcadet.

Rosmarinus officinalis

ESPÈCIE	Rosmarinus officinalis	SPECIES
FAMÍLIA	Labiatae	FAMILY

NOM		NAME
Romaní		Rosemary

FLORACIÓ — FLOWERING TIME

J	F	M	A	M	J	J	A	S	O	N	D

ALTURA 50–100(150) cm **HEIGHT**

DISTRIBUCIÓ I NOTES
**Sa Roca, El turó d'Observació d'Ocells;
Camí de s'Illot.**

DISTRIBUTION AND NOTES
**Sa Roca, Bird Observation Mound;
Camí de s'Illot.**

Orobanche ramosa

ESPÈCIE	Orobanche ramosa	SPECIES
FAMÍLIA	Orobanchaceae	FAMILY

NOM		NAME
		Branched Broomrape

FLORACIÓ — FLOWERING TIME

J	F	M	A	M	J	J	A	S	O	N	D

ALTURA 10–20 cm **HEIGHT**

DISTRIBUCIÓ I NOTES
Sa Roca.
Orobanche és paràsitica. Creix sobre les arrels altres plantes.
Les fulles no són verdes.

DISTRIBUTION AND NOTES
Sa Roca.
Orobanche is a parasite. It grows on the roots of other plants.
The leaves are not green.

Linaria triphylla

ESPÈCIE	Linaria triphylla	SPECIES
FAMÍLIA	Scrophulariaceae	FAMILY

NOM		NAME
Colometes		Three-leaved Toadflax

FLORACIÓ — FLOWERING TIME

J	F	M	A	M	J	J	A	S	O	N	D

ALTURA 30–45 cm **HEIGHT**

DISTRIBUCIÓ I NOTES
Prat, Ses Puntes.

DISTRIBUTION AND NOTES
Meadow, Ses Puntes.

Vinca difformis

Rosmarinus officinalis

Orobanche ramosa

Linaria triphylla

137

Cichorium intybus
ESPÈCIE / SPECIES

FAMÍLIA / FAMILY: Compositae

NOM / NAME: Cama-roja; Xicòria — Chicory

FLORACIÓ / FLOWERING TIME: J F M **A M J J A S** O N D

ALTURA / HEIGHT: 90–120 cm

DISTRIBUCIÓ I NOTES: Camí Principal; Camí de Sa Siurana (oest); Es Forcadet.

DISTRIBUTION AND NOTES: Main Drive; Camí de Sa Siurana (West); Es Forcadet.

Linum bienne
ESPÈCIE / SPECIES

FAMÍLIA / FAMILY: Linaceae

NOM / NAME: Llí bord — Pale Flax

FLORACIÓ / FLOWERING TIME: J F **M A M J** J A S O N D

ALTURA / HEIGHT: 30–60 cm

DISTRIBUCIÓ I NOTES: Camí de Ses Puntes, prop dels pins.

DISTRIBUTION AND NOTES: Camí de Ses Puntes, near Pine trees.

Nigella damascena
ESPÈCIE / SPECIES

FAMÍLIA / FAMILY: Ranunculaceae

NOM / NAME: Aranya; Herba de capseta — Love-in-a-mist

FLORACIÓ / FLOWERING TIME: J F **M A M J** J A S O N D

ALTURA / HEIGHT: 20–40 cm

DISTRIBUCIÓ I NOTES: Prat, Ses Puntes.

DISTRIBUTION AND NOTES: Meadow, Ses Puntes.

Campanula erinus
ESPÈCIE / SPECIES

FAMÍLIA / FAMILY: Campanulaceae

NOM / NAME: Annual Bellflower

FLORACIÓ / FLOWERING TIME: J F **M A M** J J A S O N D

ALTURA / HEIGHT: 5–10 cm

DISTRIBUCIÓ I NOTES: Caps des Parets, Camí de Ses Puntes.

DISTRIBUTION AND NOTES: Top of walls, Camí de Ses Puntes

Veronica persica	Veronica polita
ESPÈCIE / SPECIES	**ESPÈCIE / SPECIES**
FAMÍLIA / FAMILY: Scrophulariaceae	**FAMÍLIA / FAMILY:** Scrophulariaceae
NOM / NAME: Common Field-speedwell; Buxbaum's Speedwell	**NOM / NAME:** Grey Field-speedwell; Grey Speedwell
FLORACIÓ / FLOWERING TIME: **J F M A M J** J A S O N D	**FLORACIÓ / FLOWERING TIME:** **J F M A M J** J A S O N D
ALTURA / HEIGHT: 5–15(20) cm	**ALTURA / HEIGHT:** 3–15 cm
DISTRIBUCIÓ I NOTES / DISTRIBUTION AND NOTES: Camí des Senyals; Gran Canal (N side); Camí de Ses Puntes.	**DISTRIBUCIÓ I NOTES / DISTRIBUTION AND NOTES:** Camí des Senyals; Gran Canal (N side); Camí de Sa Siurana.

També apareix **Veronica arvensis**.

Veronica arvensis also occurs.

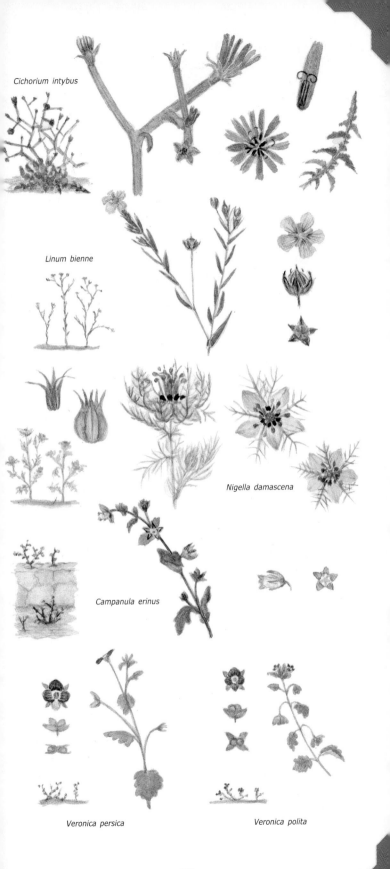

Cichorium intybus

Linum bienne

Nigella damascena

Campanula erinus

Veronica persica

Veronica polita

139

Echium sabulicola

| ESPÈCIE | | SPECIES |

FAMÍLIA Boraginaceae **FAMILY**

NOM **NAME**

FLORACIÓ **FLOWERING TIME**

| J | F | M | A | M | J | J | A | S | O | N | D |

ALTURA 20–30 cm **HEIGHT**

DISTRIBUCIÓ I NOTES
Camí Principal;
Camí de Ses Puntes;
Camí des Senyals;
Sa Roca, El turó d'Observació d'Ocells.

DISTRIBUTION AND NOTES
Main Drive;
Camí de Ses Puntes;
Camí des Senyals;
Sa Roca, Bird Observation Mound.

Echium parviflorum

FAMÍLIA Boraginaceae

NOM **NAME**
Small-flowered
Bugloss

FLORACIÓ **FLOWERING TIME**

| J | F | M | A | M | J | J | A | S | O | N | D |

ALTURA 25–30(40) cm **HEIGHT**

DISTRIBUCIÓ I NOTES **DISTRIBUTION AND NOTES**
Camí de Ses Puntes. Camí de Ses Puntes.

Echium plantagineum

SPECIES
Boraginaceae **FAMILY**

NOM **NAME**
Viborera Purple
Viper's-bugloss

FLORACIÓ **FLOWERING TIME**

| J | F | M | A | M | J | J | A | S | O | N | D |

ALTURA 25–40cm **HEIGHT**

DISTRIBUCIÓ I NOTES **DISTRIBUTION AND NOTES**
Camí de Ses Puntes; Camí de Ses Puntes;
Prat, Ses Puntes; Meadow, Ses Puntes;
Camí des Senyals; Camí des Senyals;
Es Forcadet. Es Forcadet.

Borago officinalis

FAMÍLIA Boraginaceae **FAMILY**

NOM **NAME**
Boratja; Pa-i-peixet
Borage

FLORACIÓ **FLOWERING TIME**

| J | F | M | A | M | J | J | A | S | O | N | D |

ALTURA 50–80 cm **HEIGHT**

DISTRIBUCIÓ I NOTES
Camí Principal;
Camí des Senyals;
Es Forcadet.

DISTRIBUTION AND NOTES
Main Drive;
Camí des Senyals;
Es Forcadet.

Cynoglossum creticum

FAMÍLIA Boraginaceae **FAMILY**

NOM **NAME**
Llengua de ca;
Llengua d'ovella
Blue Hound's-tongue

FLORACIÓ **FLOWERING TIME**

| J | F | M | A | M | J | J | A | S | O | N | D |

ALTURA 40–50 cm **HEIGHT**

DISTRIBUCIÓ I NOTES
Camí de Ses Puntes;
Camí d'Enmig;
Es Forcadet.

DISTRIBUTION AND NOTES
Camí de Ses Puntes;
Camí d'Enmig;
Es Forcadet.

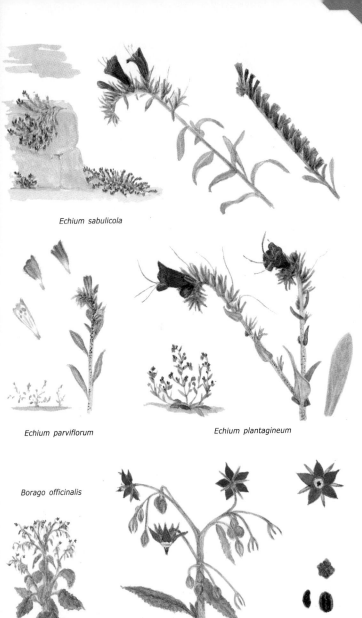

Echium sabulicola

Echium parviflorum

Echium plantagineum

Borago officinalis

Cynoglossum creticum

Salvia verbenaca
ESPÈCIE / **SPECIES**

FAMÍLIA Labiatae **FAMILY**

NOM / **NAME**

Tàrrec — Wild Clary

FLORACIÓ / **FLOWERING TIME**

J	F	M	A	M	J	J	A	S	O	N	D

ALTURA 10–20 cm **HEIGHT**

DISTRIBUCIÓ I NOTES
Camí de Ses Puntes.
Una solució de les llavors en aigua s'utilitza per calmar i netejar el ulls.

DISTRIBUTION AND NOTES
Camí de Ses Puntes.
Solution of seeds in water was used to soothe and cleanse eyes.

Muscari comosum
ESPÈCIE / **SPECIES**

FAMÍLIA Liliaceae **FAMILY**

NOM / **NAME**

Cap de moro; Pipius blaus; Calabruixa — Tassel Hyacinth

FLORACIÓ / **FLOWERING TIME**

J	F	M	A	M	J	J	A	S	O	N	D

ALTURA 20–40 cm **HEIGHT**

DISTRIBUCIÓ I NOTES
Camí Principal; Prat, Ses Puntes.

DISTRIBUTION AND NOTES
Main Drive; Meadow, Ses Puntes.

Muscari neglectum
ESPÈCIE / **SPECIES**

FAMÍLIA Liliaceae **FAMILY**

NOM / **NAME**

Cap-blaus; Calabruixa — Grape Hyacinth

FLORACIÓ / **FLOWERING TIME**

J	F	M	A	M	J	J	A	S	O	N	D

ALTURA 10–20 cm **HEIGHT**

DISTRIBUCIÓ I NOTES
Prat, Ses Puntes.

DISTRIBUTION AND NOTES
Meadow, Ses Puntes.

Anagallis arvensis
ESPÈCIE / **SPECIES**

FAMÍLIA Primulaceae **FAMILY**

NOM / **NAME**

Morrons; Borrissol; Anagalis — Blue (Scarlet) Pimpernel; Poor-man's Weatherglass

FLORACIÓ / **FLOWERING TIME**

J	F	M	A	M	J	J	A	S	O	N	D

ALTURA 5–10 cm **HEIGHT**

DISTRIBUCIÓ I NOTES
A tot arreu.
Les flors s'obren quan surt el sol.
Les flors poden ser vermelles, *veure pàgina 98*.

DISTRIBUTION AND NOTES
Widespread.
Flowers open in sunshine.
Flowers may also be red, *see page 98*.

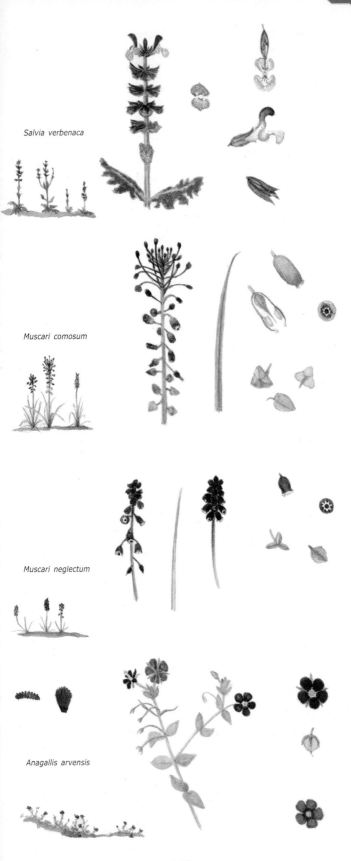

Salvia verbenaca

Muscari comosum

Muscari neglectum

Anagallis arvensis

143

Ophrys bombyliflora
FAMÍLIA / FAMILY: Orchidaceae

NOM / NAME: Mosques petites — Bumble-bee Orchid

FLORACIÓ / FLOWERING TIME: J **F M A M J** J A S O N D

ALTURA / HEIGHT: 10–20 cm

DISTRIBUCIÓ I NOTES / DISTRIBUTION AND NOTES: Camí de Ses Puntes. / Camí de Ses Puntes.

Ophrys speculum
FAMÍLIA / FAMILY: Orchidaceae

NOM / NAME: Saba tetes del Bon Jesús — Mirror Orchid

FLORACIÓ / FLOWERING TIME: J **F M A M** J J A S O N D

ALTURA / HEIGHT: 5–15 cm

DISTRIBUCIÓ I NOTES / DISTRIBUTION AND NOTES: Camí de Ses Puntes. / Camí de Ses Puntes.

Ophrys apifera
FAMÍLIA / FAMILY: Orchidaceae

NOM / NAME: Beiera; Flor d'abella — Bee Orchid

FLORACIÓ / FLOWERING TIME: J F M **A M J** J A S O N D

ALTURA / HEIGHT: 20–30(35) cm

DISTRIBUCIÓ I NOTES / DISTRIBUTION AND NOTES: Sa Roca; Camí de Ses Puntes; Camí d'en Pep. / Sa Roca; Camí de Ses Puntes; Camí d'en Pep.

Ophrys tenthredinifera
FAMÍLIA / FAMILY: Orchidaceae

NOM / NAME: Mosques vermelles — Sawfly Orchid

FLORACIÓ / FLOWERING TIME: J **F M A M J** J A S O N D

ALTURA / HEIGHT: 10–25 cm

DISTRIBUCIÓ I NOTES / DISTRIBUTION AND NOTES: Camí Principal; Camí de Ses Puntes. / Main Drive; Camí de Ses Puntes.

També s'ha recordat **Ophrys fusca**. — **Ophrys fusca** has also been recorded.

Serapias parviflora
FAMÍLIA / FAMILY: Orchidaceae

NOM / NAME: Gallets — Small-flowered Tongue Orchid

FLORACIÓ / FLOWERING TIME: J F M **A M** J J A S O N D

ALTURA / HEIGHT: 10–30 cm

DISTRIBUCIÓ I NOTES / DISTRIBUTION AND NOTES: Camí de Ses Puntes; Camí d'en Pep. / Camí de Ses Puntes; Camí d'en Pep.

Spiranthes spiralis
FAMÍLIA / FAMILY: Orchidaceae

NOM / NAME: Orquidia de tardor — Autumn Lady's-tresses

FLORACIÓ / FLOWERING TIME: J F M A M J J A **S O** N D

ALTURA / HEIGHT: 10–20 cm

DISTRIBUCIÓ I NOTES / DISTRIBUTION AND NOTES: Camí de Ses Puntes, prop dels pins. Flors oloroses. / Camí de Ses Puntes, near Pine trees. Flowers scented.

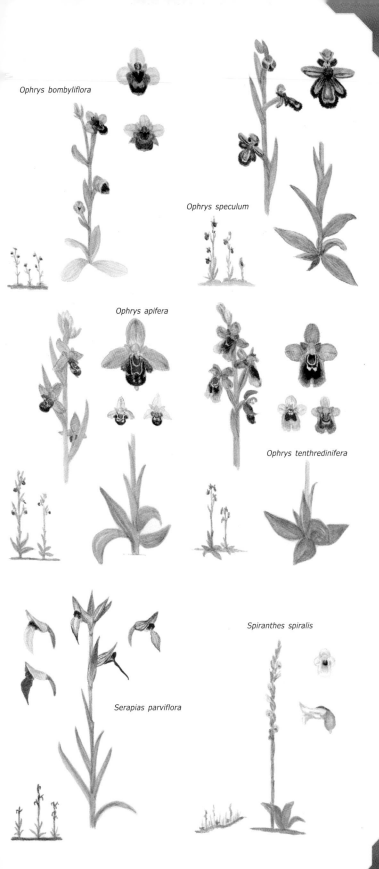

Ophrys bombyliflora

Ophrys speculum

Ophrys apifera

Ophrys tenthredinifera

Serapias parviflora

Spiranthes spiralis

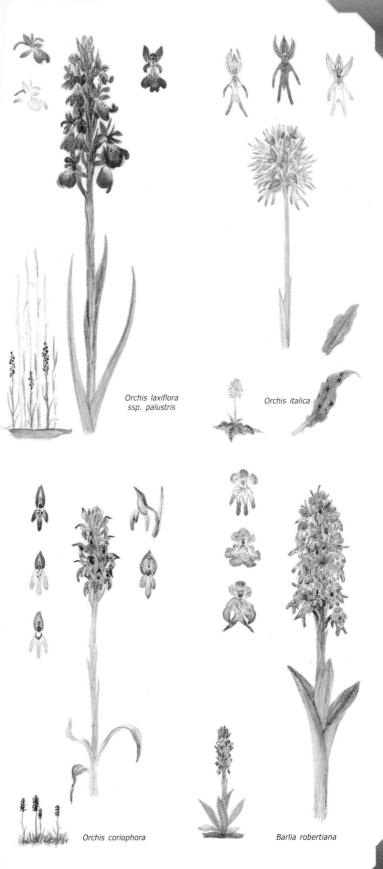

Orchis laxiflora
ssp. palustris

Orchis italica

Orchis coriophora

Barlia robertiana

147

Juncus acutus
ESPÈCIE / SPECIES
FAMÍLIA / FAMILY: Juncaceae

NOM / NAME
Jonc marí — **Sharp Rush**

FLORACIÓ / FLOWERING TIME

J F **M A M J J A S** O N D

ALTURA / HEIGHT: 50–180 cm

DISTRIBUCIÓ I NOTES
Apareix a la majoria de camins, voreres dels canals i a les zones més seques.
Les fulles presenten l'extrem punxegut.
Abans que s'inventàssin les espelmes, espècies semblants eren emprades com a torxes pelant les tiges i impregnant-les amb greix.

DISTRIBUTION AND NOTES
Occurs along most tracks, edges of canals and drier areas.
Tips of leaves are very sharp.
Before candles were invented related species were used to give 'rush-light' by peeling stems and soaking pith in fat.

Juncus maritimus
ESPÈCIE / SPECIES
FAMÍLIA / FAMILY: Juncaceae

NOM / NAME
Jonc marí — **Sea Rush**

FLORACIÓ / FLOWERING TIME

J **F M A M J J A S** O N D

ALTURA / HEIGHT: 50–100 cm

DISTRIBUCIÓ I NOTES
Camí des Senyals;
Camí de Ses Puntes;
Camí dels Polls;
Es Forcadet;
Es Colombars.

DISTRIBUTION AND NOTES
Camí des Senyals;
Camí de Ses Puntes;
Camí dels Polls;
Es Forcadet;
Es Colombars.

Juncus subulatus
ESPÈCIE / SPECIES
FAMÍLIA / FAMILY: Juncaceae

NOM / NAME
Jonc

FLORACIÓ / FLOWERING TIME

J F M A M **J J A S** O N D

ALTURA / HEIGHT: 50–100 cm

DISTRIBUCIÓ I NOTES
Camí de Ses Puntes;
Es Colombars.
Presenta fulles a les tiges floríferes.

DISTRIBUTION AND NOTES
Camí de Ses Puntes;
Es Colombars.
There are leaves on the flowering stems.

Juncus bufonius
ESPÈCIE / SPECIES
FAMÍLIA / FAMILY: Juncaceae

NOM / NAME
Jonc de galàpet — **Toad Rush**

FLORACIÓ / FLOWERING TIME

J **F M A M J J A S** O N D

ALTURA / HEIGHT: 10–20(50) cm

DISTRIBUCIÓ I NOTES
Camí de Ses Puntes;
Camí dels Polls.

DISTRIBUTION AND NOTES
Camí de Ses Puntes;
Camí dels Polls.

Juncus acutus

Juncus maritimus

Juncus subulatus

Juncus bufonius

149

Equisetum ramosissimum
Equisetaceae

NOM / NAME

Horsetail

FLORACIÓ / FLOWERING TIME

| J | F | M | A | M | J | J | A | S | O | N | D |

ALTURA / HEIGHT

<125 cm

DISTRIBUCIÓ I NOTES / DISTRIBUTION AND NOTES

Camí de s'Illot.

Camí de s'Illot.

Tambe s'ha registrat *Equisetum arvense*.

Equisetum arvense has also been recorded.

Scirpus lacustris
ssp. tabernaemontani
Cyperaceae

NOM / NAME

Jonc boral   Grey Club-rush

FLORACIÓ / FLOWERING TIME

| J | F | M | A | M | J | J | A | S | O | N | D |

ALTURA / HEIGHT

100–150 cm

DISTRIBUCIÓ I NOTES / DISTRIBUTION AND NOTES

Apareix a llocs d'aigua dolça, p.e. Gran Canal. La senalla d'en Moisès va ser feta probablement d'aquest jonc. Emprat per teixir i trenar.

Occurs in fresh water, e.g. Gran Canal. Used for plaiting and weaving. Moses basket was probably made of this rush.

Scirpus maritimus
Cyperaceae

NOM / NAME

Sea Club-rush

FLORACIÓ / FLOWERING TIME

| J | F | M | A | M | J | J | A | S | O | N | D |

ALTURA / HEIGHT

70–80 cm

DISTRIBUCIÓ I NOTES / DISTRIBUTION AND NOTES

Apareix a llocs d'aigua salobre. Es Colombars. Les tiges són triangulars.

Occurs in slightly salty water. Es Colombars. Stems are triangular.

Scirpus litoralis
Cyperaceae

NOM / NAME

FLORACIÓ / FLOWERING TIME

| J | F | M | A | M | J | J | A | S | O | N | D |

ALTURA / HEIGHT

100–150(200) cm

DISTRIBUCIÓ I NOTES / DISTRIBUTION AND NOTES

Camí dels Polls.

Camí dels Polls.

Scirpus holoschoenus
Cyperaceae

NOM / NAME

Jonc boual   Round-headed Club-rush

FLORACIÓ / FLOWERING TIME

| J | F | M | A | M | J | J | A | S | O | N | D |

ALTURA / HEIGHT

30–75 cm

DISTRIBUCIÓ I NOTES / DISTRIBUTION AND NOTES

Camí des Senyals.

Camí des Senyals.

Schoenus nigricans
Cyperaceae

NOM / NAME

Black Bog-rush

FLORACIÓ / FLOWERING TIME

| J | F | M | A | M | J | J | A | S | O | N | D |

ALTURA / HEIGHT

<90 cm

DISTRIBUCIÓ I NOTES / DISTRIBUTION AND NOTES

Sa Roca; Camí des Senyals; Camí de s'Illot; Camí dels Polls.

Sa Roca; Camí des Senyals; Camí de s'Illot; Camí dels Polls.

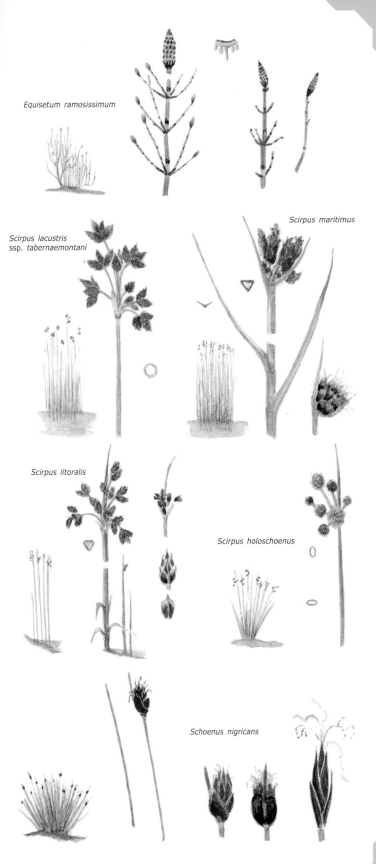

Equisetum ramosissimum

Scirpus lacustris
ssp. tabernaemontani

Scirpus maritimus

Scirpus litoralis

Scirpus holoschoenus

Schoenus nigricans

ESPÈCIE	*Carex divisa*
FAMÍLIA	Cyperaceae

NOM	NAME
Junça	Divided Sedge; Salt-meadow Sedge

FLORACIÓ — FLOWERING TIME

J F M A M J **J** A S O N D

ALTURA	20–30 cm	HEIGHT

DISTRIBUCIÓ I NOTES	DISTRIBUTION AND NOTES
Camí de Ses Puntes; Camí des Senyals.	**Camí de Ses Puntes; Camí des Senyals.**

Carex flacca	SPECIES
Cyperaceae	FAMILY

NOM	NAME
	Glaucous Sedge

FLORACIÓ — FLOWERING TIME

J F M A M **J** **J** A S O N D

ALTURA	10–30 cm	HEIGHT

DISTRIBUCIÓ I NOTES	DISTRIBUTION AND NOTES
Camí de Ses Puntes; Camí des Senyals.	**Camí de Ses Puntes; Camí des Senyals.**

ESPÈCIE	*Carex extensa*
FAMÍLIA	Cyperaceae

NOM	NAME
	Long-bracted Sedge

FLORACIÓ — FLOWERING TIME

J F M A M J **J** A S O N D

ALTURA	10–15(30) cm	HEIGHT

DISTRIBUCIÓ I NOTES	DISTRIBUTION AND NOTES
Camí des Senyals; Camí de Ses Puntes; Camí dels Polls; Camí d'en Molinas.	**Camí des Senyals; Camí de Ses Puntes; Camí dels Polls; Camí d'en Molinas.**

Carex otrubae	SPECIES
Cyperaceae	FAMILY

NOM	NAME
	False Fox-sedge

FLORACIÓ — FLOWERING TIME

J F M A M J **J** A S O N D

ALTURA	10–20 cm	HEIGHT

DISTRIBUCIÓ I NOTES	DISTRIBUTION AND NOTES
Camí Principal; Camí de Ses Puntes; Camí des Senyals; Camí d'Enmig.	**Main Drive; Camí de Ses Puntes; Camí des Senyals; Camí d'Enmig.**

ESPÈCIE	*Carex divulsa*
FAMÍLIA	Cyperaceae

NOM	NAME
	Grey Sedge

FLORACIÓ — FLOWERING TIME

J F M A M J **J** A S O N D

ALTURA	20–40 cm	HEIGHT

DISTRIBUCIÓ I NOTES	DISTRIBUTION AND NOTES
Camí des Senyals; Camí d'Enmig; Es Forcadet.	**Camí des Senyals; Camí d'Enmig; Es Forcadet.**

Carex distans	SPECIES
Cyperaceae	FAMILY

NOM	NAME
	Distant Sedge

FLORACIÓ — FLOWERING TIME

J F M A M J **J** A S O N D

ALTURA	20–40 cm	HEIGHT

DISTRIBUCIÓ I NOTES	DISTRIBUTION AND NOTES
Als voltants de Sa Roca; Camí d'Enmig.	**Around Sa Roca; Camí d'Enmig.**

Carex divisa

Carex flacca

Carex otrubae

Carex extensa

Carex distans

Carex divulsa

153

ESPÈCIE	**Phragmites australis**
FAMÍLIA	Gramineae

NOM	NAME
Canyet; Canyot; Canya borda	Common Reed

FLORACIÓ / FLOWERING TIME

J F M A M J J A S O N D

ALTURA		HEIGHT
	300–400 cm	

DISTRIBUCIÓ I NOTES	DISTRIBUTION AND NOTES
Pel Parc, a llocs d'aigües tranquiles. A la base de les fulles de les plantes joves hi ha uns pèls llargs que permeten conèixer l'edat de la planta. *Phragmites* s'emprava com a palla, per fer paper, i per depurar l'aigua.	**Throughout the Parc, in standing water.** At the bases of the leaves of young plants are long hairs which become ragged as the plant ages. *Phragmites* has been used for thatching, making paper, and for purifying running water.

Arundo donax	SPECIES
Gramineae	FAMILY

NOM	NAME
Canya	Giant Reed

FLORACIÓ / FLOWERING TIME

J F M A M J J A S O N D

ALTURA		HEIGHT
	300–400(600) cm	

DISTRIBUCIÓ I NOTES	DISTRIBUTION AND NOTES
Per les voreres dels canals. Gran Canal; Camí des Senyals; Camí d'Enmig; Camí dels Polls; Es Forcadet.	**Along the edges of canals. Gran Canal; Camí des Senyals; Camí d'Enmig; Camí dels Polls; Es Forcadet.**

ESPÈCIE	**Cladium mariscus**
FAMÍLIA	Cyperaceae

NOM	NAME
Mansega	Fen Sedge

FLORACIÓ / FLOWERING TIME

J F M A M J J A S O N D

ALTURA		HEIGHT
	100–250 cm	

DISTRIBUCIÓ I NOTES	DISTRIBUTION AND NOTES
A les parts més humides de l'Albufera, amb *Phragmites*. Presenta dents molt punxegudes a la vorera de la fulla. No s'ha traduït una anecdota d'una esglesia d'anglaterra.	**Throughout the wetter parts of the marsh, with *Phragmites*.** Edges of leaves have very sharp teeth. Used for thatching hay-ricks, public buildings incl. a church in 15th century, and cottages; fuel in baker's ovens on bridges in winter; the gallops at Newmarket (racecourse) in icy weather.

Typha domingensis	SPECIES
Typhaceae	FAMILY

NOM	NAME
Bova; Boga	Mediterranean Reedmace

FLORACIÓ / FLOWERING TIME

J F M A M J J A S O N D

ALTURA		HEIGHT
	150–250 cm	

DISTRIBUCIÓ I NOTES	DISTRIBUTION AND NOTES
A les voreres de molts canals, dins l'aigua. p.e., Camí Principal, just baix el Porta Principal; Sa Roca, aprop de la zona d'esbarjo; Camí dels Polls.	**Along the edges of many canals, in water.** e.g., Main Drive, just inside Main Gate; Sa Roca, near picnic site; Camí dels Polls.

Phragmites australis

Arundo donax

Cladium mariscus

Typha domingensis

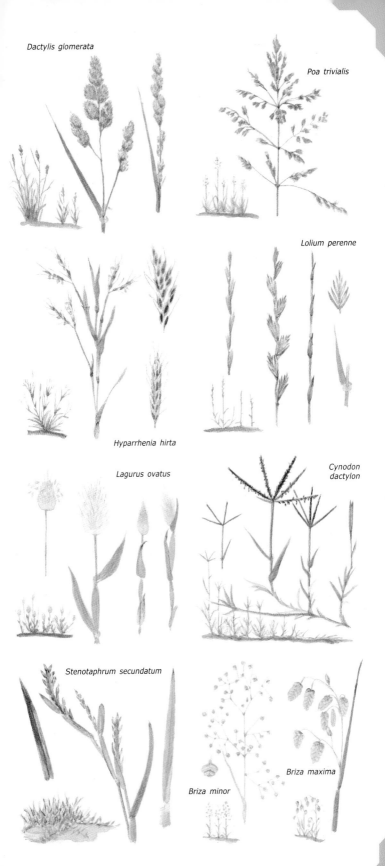

Dactylis glomerata

Poa trivialis

Lolium perenne

Hyparrhenia hirta

Lagurus ovatus

Cynodon dactylon

Stenotaphrum secundatum

Briza maxima

Briza minor

157

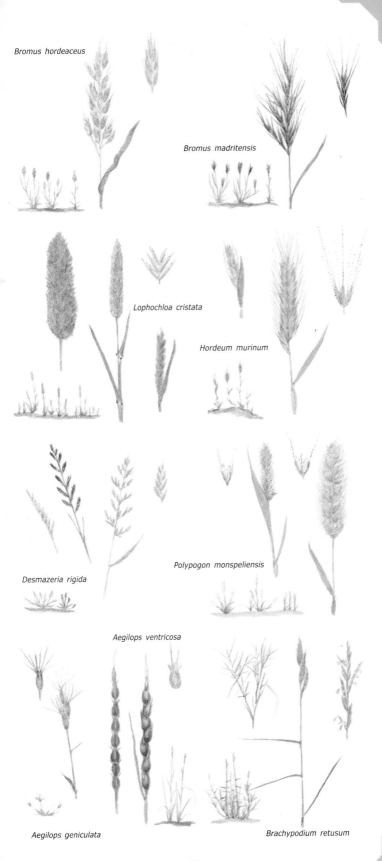

Bromus hordeaceus

Bromus madritensis

Lophochloa cristata

Hordeum murinum

Desmazeria rigida

Polypogon monspeliensis

Aegilops ventricosa

Aegilops geniculata

Brachypodium retusum

159

Avena barbata — Festuca arundinacea

ESPÈCIE / SPECIES: *Avena barbata* — *Festuca arundinacea*
FAMÍLIA / FAMILY: Gramineae — Gramineae

NOM	NAME	NOM	NAME
Cugula	Bristle Oat; Small Oat		Tall Fescue

FLORACIÓ / FLOWERING TIME

Avena barbata: J F **M A M J** J A S O N D
Festuca arundinacea: J F **M A M J** J A S O N D

ALTURA / HEIGHT: 60–120 cm — 45–200 cm

DISTRIBUCIÓ I NOTES / DISTRIBUTION AND NOTES

Avena barbata:
Camí Principal; Sa Roca; Camí de Sa Siurana; Camí d'Enmig; Es Forcadet; Camí de s'Illot.
Main Drive; Sa Roca; Camí de Sa Siurana; Camí d'Enmig; Es Forcadet; Camí de s'Illot.

Festuca arundinacea:
Per tots els camins.
Along most tracks.

Melica minuta — Bromus diandrus

ESPÈCIE / SPECIES: *Melica minuta* — *Bromus diandrus*
FAMÍLIA / FAMILY: Gramineae — Gramineae

NOM	NAME	NOM	NAME
	Wood Melick		Great Brome

FLORACIÓ / FLOWERING TIME

Melica minuta: J F **M A M J** J A S O N D
Bromus diandrus: J F **M A M J** J A S O N D

ALTURA / HEIGHT: 20–60 cm — 35–80 cm

DISTRIBUCIÓ I NOTES / DISTRIBUTION AND NOTES

Melica minuta:
Camí Principal; Sa Roca; Camí de Sa Siurana.
Main Drive; Sa Roca; Camí de Sa Siurana.

Bromus diandrus:
Camí Principal; Sa Roca; Malecó des Canal des Sol; Camí d'Enmig.
Main Drive; Sa Roca; Malecó des Canal des Sol; Camí d'Enmig.

Brachypodium sylvaticum — Brachypodium phoenicoides

ESPÈCIE / SPECIES: *Brachypodium sylvaticum* — *Brachypodium phoenicoides*
FAMÍLIA / FAMILY: Gramineae — Gramineae

NOM	NAME	NOM	NAME
Fenàs	Wood False-brome	Fenàs	

FLORACIÓ / FLOWERING TIME

Brachypodium sylvaticum: J F **M A M J** J A S O N D
Brachypodium phoenicoides: J F **M A M J** J A S O N D

ALTURA / HEIGHT: 30–90 cm — 30–90 cm

DISTRIBUCIÓ I NOTES / DISTRIBUTION AND NOTES

Brachypodium sylvaticum:
Camí Principal; Sa Roca; Camí d'Enmig; Camí de Sa Siurana; Es Forcadet.
Main Drive; Sa Roca; Camí d'Enmig; Camí de Sa Siurana; Es Forcadet.

Brachypodium phoenicoides:
Camí Principal; Malecó des Canal des Sol; Es Forcadet.
Main Drive; Malecó des Canal des Sol; Es Forcadet.

Piptatherium miliaceum — Panicum repens

ESPÈCIE / SPECIES: *Piptatherium miliaceum* — *Panicum repens*
FAMÍLIA / FAMILY: Gramineae — Gramineae

NOM	NAME	NOM	NAME
			Creeping Millet

FLORACIÓ / FLOWERING TIME

Piptatherium miliaceum: J F **M A M J** J A S O N D
Panicum repens: J F **M A M J** J A S O N D

ALTURA / HEIGHT: 90–150 cm — 70–120 cm

DISTRIBUCIÓ I NOTES / DISTRIBUTION AND NOTES

Piptatherium miliaceum:
A la majoria de camins.
Along most tracks.

Panicum repens:
Camí Principal; Sa Roca.
Main Drive; Sa Roca.

També s'ha registrat **Cynosurus cristatus**. | **Cynosurus cristatus** has also been recorded.

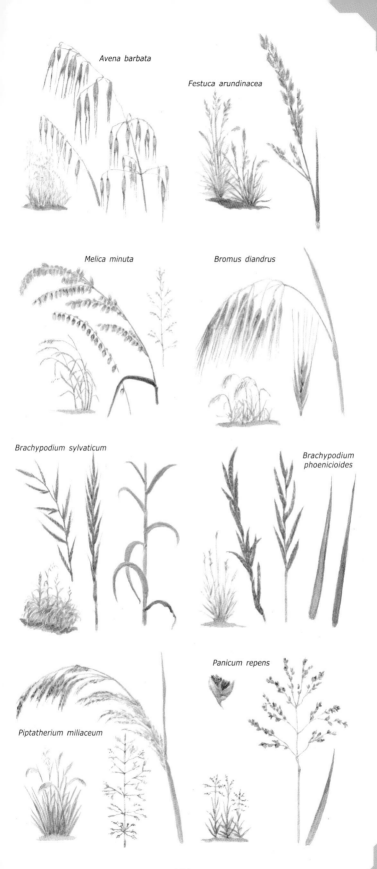

Avena barbata

Festuca arundinacea

Melica minuta

Bromus diandrus

Brachypodium sylvaticum

Brachypodium phoenicioides

Piptatherium miliaceum

Panicum repens

161

ESPÈCIE	*Cortaderia selloana*	
FAMÍLIA	Gramineae	

NOM		NAME
		Pampas Grass

FLORACIÓ — FLOWERING TIME

J F M A M J J A S O N D

ALTURA	<2.5 m	HEIGHT

DISTRIBUCIÓ I NOTES — DISTRIBUTION AND NOTES

Camí des Senyals. / **Camí des Senyals.**

ESPÈCIE	*Elymus farctus*	SPECIES
NOM	Gramineae	FAMILY

NAME: **Sand Couch**

FLORACIÓ — FLOWERING TIME

J F M A M J J A S O N D

ALTURA	40–50 cm	HEIGHT

DISTRIBUCIÓ I NOTES — DISTRIBUTION AND NOTES

Camí des Senyals; Malecó des Canal des Sol. / **Camí des Senyals; Malecó des Canal des Sol.**

ESPÈCIE	*Vulpia membranacea*	
FAMÍLIA	Gramineae	

NAME: **Sand Fescue**

FLORACIÓ — FLOWERING TIME

J F M A M J J A S O N D

ALTURA	10–15 cm	HEIGHT

DISTRIBUCIÓ I NOTES — DISTRIBUTION AND NOTES

Sa Roca; Camí de s'Illot. / **Sa Roca; Camí de s'Illot.**

ESPÈCIE	*Parapholis incurva*	SPECIES
	Gramineae	FAMILY

NAME: **Curved Hard-grass**

FLORACIÓ — FLOWERING TIME

J F M A M J J A S O N D

ALTURA	10–15 cm	HEIGHT

DISTRIBUCIÓ I NOTES — DISTRIBUTION AND NOTES

Camí des Senyals; Sa Roca. / **Camí des Senyals; Sa Roca.**

ESPÈCIE	*Ceratonia siliqua*	
FAMÍLIA	Legumonosae	

NOM: **Garrover** — NAME: **Carob; Locust Bean**

FLORACIÓ — FLOWERING TIME

J F M A M J J A S O N D

ALTURA	<5 m	HEIGHT

DISTRIBUCIÓ I NOTES — DISTRIBUTION AND NOTES

Es Forcadet. / **Es Forcadet.**

ESPÈCIE	*Myoporum tenuifolium*	SPECIES
	Myoporaceae	FAMILY

NAME: **Tobira**

FLORACIÓ — FLOWERING TIME

J F M A M J J A S O N D

ALTURA	<6 m	HEIGHT

DISTRIBUCIÓ I NOTES — DISTRIBUTION AND NOTES

Sa Roca. / **Sa Roca.**

ESPÈCIE	*Cydonia oblonga*	
FAMÍLIA	Rosaceae	

NOM: **Codonyer** — NAME: **Quince**

FLORACIÓ — FLOWERING TIME

J F M A M J J A S O N D

ALTURA	4–6 m	HEIGHT

DISTRIBUCIÓ I NOTES — DISTRIBUTION AND NOTES

Sa Roca. / **Sa Roca.**

ESPÈCIE	*Chamaerops humilis*	SPECIES
	Palmaceae	FAMILY

NOM: **Garballó** — NAME: **Dwarf Palm**

FLORACIÓ — FLOWERING TIME

J F M A M J J A S O N D

ALTURA	<150 cm	HEIGHT

DISTRIBUCIÓ I NOTES — DISTRIBUTION AND NOTES

Camí de s'Illot. / **Camí de s'Illot.**

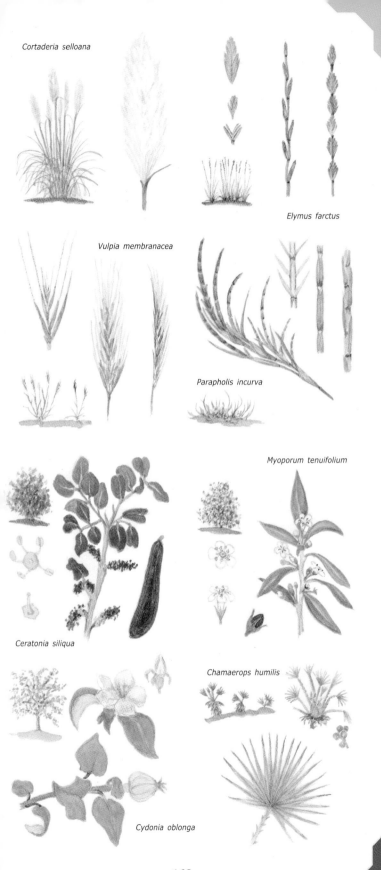

Cortaderia selloana

Elymus farctus

Vulpia membranacea

Parapholis incurva

Myoporum tenuifolium

Ceratonia siliqua

Chamaerops humilis

Cydonia oblonga

163

ESPÈCIE	*Pinus halepensis*
FAMÍLIA	Pinaceae

NOM	NAME
Pi	Aleppo Pine

FLORACIÓ / FLOWERING TIME

J F M A M J J A S O N D

| ALTURA | <20 m | HEIGHT |

DISTRIBUCIÓ I NOTES / DISTRIBUTION AND NOTES

Camí Principal; Camí d'Enmig. — **Main Drive; Camí d'Enmig.**

Olea europaea	SPECIES
Oleaceae	FAMILY

NOM	NAME
Olivera	Olive

FLORACIÓ / FLOWERING TIME

J F M A M J J A S O N D

| ALTURA | <4 m | HEIGHT |

DISTRIBUCIÓ I NOTES / DISTRIBUTION AND NOTES

Apareix per la majoria de camins. — **Along most tracks.**

ESPÈCIE	*Populus alba*
FAMÍLIA	Salicaceae

NOM	NAME
Alba; Poll àlber	White Poplar

FLORACIÓ / FLOWERING TIME

J F M A M J J A S O N D

| ALTURA | <6 m | HEIGHT |

DISTRIBUCIÓ I NOTES / DISTRIBUTION AND NOTES

Apareix per la majoria de camins. — **Along most tracks.**

Pistacia lentiscus	SPECIES
Anacardiaceae	FAMILY

NOM	NAME
Mata	Lentisc; Mastic Tree

FLORACIÓ / FLOWERING TIME

J F M A M J J A S O N D

| ALTURA | <4 m | HEIGHT |

DISTRIBUCIÓ I NOTES / DISTRIBUTION AND NOTES

Apareix per la majoria de camins. — **Along most tracks.** Remedy for halitosis, chewing gum, resin and varnish.

ESPÈCIE	*Ulmus x hollandica*
FAMÍLIA	Ulmaceae

NOM	NAME
Om	Mediterranean Elm

FLORACIÓ / FLOWERING TIME

J F M A M J J A S O N D

| ALTURA | 4–6 m | HEIGHT |

DISTRIBUCIÓ I NOTES / DISTRIBUTION AND NOTES

Apareix per la majoria de camins. — **Along most tracks.**

Rhamnus alaternus	SPECIES
Rhamnaceae	FAMILY

NOM	NAME
Llampú dol; Llampúgol	Mediterranean Buckthorn

FLORACIÓ / FLOWERING TIME

J F M A M J J A S O N D

| ALTURA | 3–4 m | HEIGHT |

DISTRIBUCIÓ I NOTES / DISTRIBUTION AND NOTES

Camí Principal. — **Main Drive.** Sometimes used for furniture.

ESPÈCIE	*Crataegus monogyna*
FAMÍLIA	Rosaceae

NOM	NAME
Cierer de pastor; Espinal	Hawthorn

FLORACIÓ / FLOWERING TIME

J F M A M J J A S O N D

| ALTURA | 3–4 m | HEIGHT |

DISTRIBUCIÓ I NOTES / DISTRIBUTION AND NOTES

Malecó des Canal des Sol; Camí de Sa Siurana; Camí d'Enmig. — **Malecó des Canal des Sol; Camí de Sa Siurana; Camí d'Enmig.** Widely used as a hedging plant. Fairy tree (sacred).

Tamarix africana	SPECIES
Tamaricaceae	FAMILY

NOM	NAME
Tamarele	Tamarisk

FLORACIÓ / FLOWERING TIME

J F M A M J J A S O N D

| ALTURA | 3–4 m | HEIGHT |

DISTRIBUCIÓ I NOTES / DISTRIBUTION AND NOTES

Apareix per la majoria de camins. — **Along most tracks.**

També s'ha registrat *Tamarix boveana*. — *Tamarix boveana* has also been recorded.

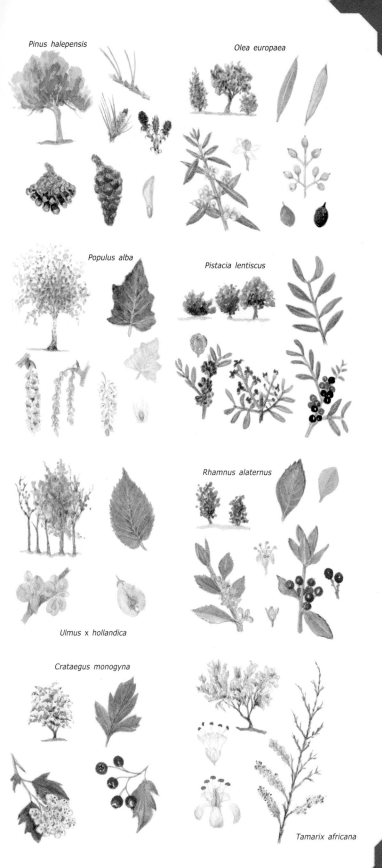

Pinus halepensis

Olea europaea

Populus alba

Pistacia lentiscus

Rhamnus alaternus

Ulmus x hollandica

Crataegus monogyna

Tamarix africana

ESPÈCIE	*Ficus carica*	SPECIES	*Phillyrea angustifolia*	
FAMÍLIA	Moraceae	Oleaceae	FAMILY	

ESPÈCIE — *Ficus carica*
FAMÍLIA — Moraceae

NOM	NAME
Figuera	Fig Tree

FLORACIÓ / FLOWERING TIME

J F M A M J J A S O N D

ALTURA	<6 m	HEIGHT

DISTRIBUCIÓ I NOTES / DISTRIBUTION AND NOTES
Camí Principal; Main Drive;
Camí d'Enmig; Camí d'Enmig;
Camí des Senyals; Camí des Senyals;
Camí de Ses Puntes; Camí de Ses Puntes;
Es Forcadet. Es Forcadet.

SPECIES — *Phillyrea angustifolia*
FAMILY — Oleaceae

NOM	NAME
Aladeun de fulla estreta	

FLORACIÓ / FLOWERING TIME

J F M A M J J A S O N D

ALTURA	<2.5 m	HEIGHT

DISTRIBUCIÓ I NOTES / DISTRIBUTION AND NOTES
Camí Principal; Main Drive;
Camí d'Enmig. Camí d'Enmig.

ESPÈCIE — *Robinia pseudacacia*
FAMÍLIA — Leguminosae

NOM	NAME
Càcia; Acàcia	False Acacia

FLORACIÓ / FLOWERING TIME

J F M A M J J A S O N D

ALTURA	<6 m	HEIGHT

DISTRIBUCIÓ I NOTES / DISTRIBUTION AND NOTES
Camí Principal. Main Drive.

SPECIES — *Morus nigra*
FAMILY — Moraceae

NOM	NAME
Morer	Mulberry

FLORACIÓ / FLOWERING TIME

J F M A M J J A S O N D

ALTURA	<4 m	HEIGHT

DISTRIBUCIÓ I NOTES / DISTRIBUTION AND NOTES
Camí Principal. Main Drive.

ESPÈCIE — *Prunus cerasifera*
FAMÍLIA — Rosaceae

NOM	NAME
	Cherry Plum

FLORACIÓ / FLOWERING TIME

J F M A M J J A S O N D

ALTURA	4–6 m	HEIGHT

DISTRIBUCIÓ I NOTES / DISTRIBUTION AND NOTES
Camí de Sa Siurana, Camí de Sa Siurana,
Pont. Bridge.

SPECIES — *Punica granatum*
FAMILY — Punicaceae

NOM	NAME
Magraner	Pomegranate

FLORACIÓ / FLOWERING TIME

J F M A M J J A S O N D

ALTURA	3–4 m	HEIGHT

DISTRIBUCIÓ I NOTES / DISTRIBUTION AND NOTES
Sa Roca. Sa Roca.

ESPÈCIE — *Prunus spinosa*
FAMÍLIA — Rosaceae

NOM	NAME
Arc negre; Aran youer	Blackthorn; Sloe

FLORACIÓ / FLOWERING TIME

J F M A M J J A S O N D

ALTURA	3–5 m	HEIGHT

DISTRIBUCIÓ I NOTES / DISTRIBUTION AND NOTES
Camí d'Enmig. Camí d'Enmig.

SPECIES — *Nerium oleander*
FAMILY — Apocynaceae

NOM	NAME
Baladre	Oleander

FLORACIÓ / FLOWERING TIME

J F M A M J J A S O N D

ALTURA	2–3 m	HEIGHT

DISTRIBUCIÓ I NOTES / DISTRIBUTION AND NOTES
Sa Roca. Sa Roca.

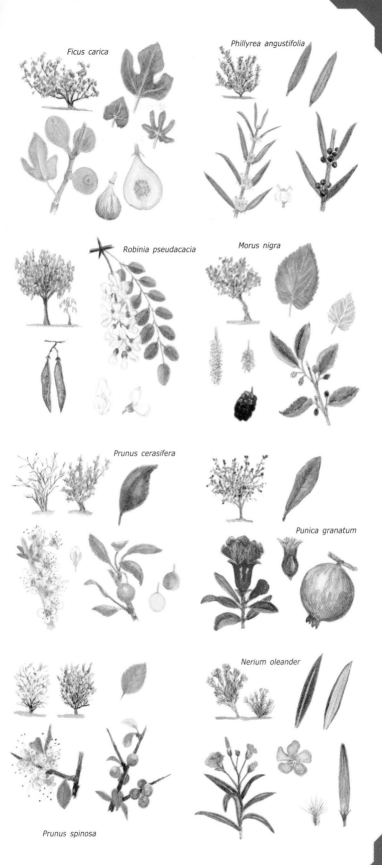

Ficus carica

Phillyrea angustifolia

Robinia pseudacacia

Morus nigra

Prunus cerasifera

Punica granatum

Nerium oleander

Prunus spinosa

BIBLIOGRAFIA/BIBLIOGRAPHY

ALOMAR, G., RITA, J. and ROSELLO, J.A. 1986. *Notas Floristicas de las Islas Baleares* (III) Boll. Soc. Nat. Balears 30 145–154.

BARCELO Y COMBIS, D.F. 1879–1881. *Flora de las Islas Baleares.* Palma.

BECKETT, E. 1988. *Wild Flowers of Majorca, Minorca and Ibiza.* A.A. Balkema/Rotterdam/Brookfield.

BECKETT, E. 1993. *Illustrated Flora of Mallorca.* Editorial Moll. Palma.

BLAMEY, M., Grey-Wilson, C. 1993. *Mediterranean Wild Flowers.* HarperCollins. London.

BONAFE, F. 1977–1980. *Flora de mallorca.* 4 vols. Editorial Moll. Palma.

BONNER, A. 1982. *Plants of the Balearic Islands.* Editorial Moll. Palma.

BURNIE, D. 1995. *Wild Flowers of the Mediterradean.* Dorling Kindersley. London.

COOMBES, A.J. 1992. *Trees.* Dorling Kindersley. London.

DAVIES, P. and GIBBONS, B. 1993. *Field Guide to Wild Flowers of Southern Europe.* The Crowood Press. Marlborough, UK.

DUVIGNEAUD, J. 1979. *Catalogue Provisoire de la Flore des Baleares.* Second edition. Liege. (Supplementto Fascicule no 17 of Societe pour l'Echange des Plantes Vasculaires de l' Europe Occidentale et du Bassin Mediterraneen).

FERRER, P. 1981. *Palau, 'Les plantes medicinals baleàriques.* New edition. Palma.

FITTER, R. and FITTER, A. 1984. *Collins Guide to the Grasses, Sedges, Rushes and Ferns of Britain and Northern Europe.* Collins. London.

GARGIA ROLLAN, M. 1985. *Claves de la Flora de Espana (Peninsula y Balears).* 2 vols. Ediciones Mundi-Prensa. Madrid.

GRIGSON, G. 1996. *The Englishman's Flora.* Helicon.

HUBBARD, C.E. 1984. *Grasses.* Penguin. Harmondsworth, UK.

HUTCHINSON, J. 1959. *The Families of Flowering Plants.* Oxford.

JERMY, A.C. and TUTIN, T.G. 1968. *British Sedges.* Botanical Society of the British Isles. London.

MABEY, R. 1996. *Flora Britannica*. Sinclair Stevenson.

MARTIN, W.K. 1965. *The Concise British Flora in Colour.* London.

PHILLIPS, R. 1988. *Mediterranean Wild Flowers.* Elm Tree Books. London.

POLUNIN, O. and SMYTHIES, B.E. 1988. *Flowers of South-west Europe.* Oxford University Press. Oxford.

SMYTHIES, B.E. 1984–1986. *Flora of Spain and the Balearic Islands.* Englera. 3 (1–3). Berlin.

TUTIN, T.G., HEYWOOD, V.H., BURGES, N.A., VALENTINE, D.H., WALTERS, S.M. and WEBB, D.A. 1964–1980. *Flora Europaea.* Cambridge University Press. Cambridge.

INDEX

174